AC

Architecture China

ARCHINA 建筑中国 编

建筑中国

（上册）

广西师范大学出版社
·桂林·

编者简介 ▶ ARCHINA 建筑中国创立于 2003 年，是面向建筑专业人士和大众双向传播的综合性建筑媒体，拥有全媒体矩阵与传播渠道，覆盖门户网站、社交媒体及大众媒体。它以专业的视角，通过数据整合及创新策划，传播设计趋势、赋能品牌价值、记录建筑行业动向、关注城市建设发展。目前，ARCHINA 建筑中国门户网站已收录超过 12 000 个项目作品，月均浏览量超 1000 万次。机构创立以来已举办近千场国内外行业活动，采访超过 500 位行业领军人物。

▶ 序

建筑设计赋能城市价值

景泉

景泉，中国建筑设计研究院有限公司建筑专业设计研究院院长、总建筑师；毕业于哈尔滨工业大学，教授级高级建筑师，入选国家"百千万人才工程"，被授予"有突出贡献中青年专家"；2018年获2016中国建筑设计奖·青年建筑师奖。

近一两年，建筑行业经历了一段特殊的时期。新基建、新城建带来了新的行业发展机遇，而全球经济放缓等不利因素则让行业的寒冬尤为漫长。作为城市发展的基础行业，建筑设计从业者如何生存、提升自身设计能力，建筑设计行业如何创新发展？这是当前亟待破解的行业难题。或许，我们可以从《建筑中国》中收录的这些优秀项目中找到答案，看看优秀的建筑设计项目侧面反映出了怎样的设计趋势；好的设计是如何为城市赋能、提升城市价值的。

生态适应

当前，单一经济价值驱动的城市生态服务功能退化或缺失已成为突出问题。建筑师需要从生态视角认识城市价值，从区域生态格局、城乡融合、城市双修等层面出发，审视城市建设与生态系统的关系，变工程建设思维为生态治理思维，以碳达峰、碳中和为目标倒推城市生产生活方式的绿色转型，促进高质量、可持续的城市发展。

"绿水青山就是金山银山"的根本逻辑，是生态系统服务与城市发展建设的相互联系，生态系统的供给服务、支持服务、调节服务和文化服务与城市建设的空间格局、基础设施、形态与功能布局、生产与生活方式形成互动。城市建设应构建系统性、连续性与完整性兼备的生态基底，保障城市生命共同体的正常运行。

文化传承

城市的粗放式发展会损毁城市历史文物，破坏城市历史风貌，导致城市文脉失落，历史文化遗产流失；片面求快的发展思路和表面求"新"的建设审美，会导致城市特色丧失，千城一面；对城市文化精神挖掘不足，也会对城市的品牌形象和人们的精神风貌产生消极影响。建筑师应将文化融入设计灵魂，通过文化视角，重新创造城市价值；立足城市文脉，合理规划城市布局和特色街区风貌，塑造城市品牌和文化精神；基于文化创新，推动城市建筑和景观创作，开拓城市新面貌。

建筑师可以通过城市文脉延续与创新，打造城市品牌和城市文化精神，弘扬文化自信，参与国际合作，传达时代审美，打造新时代城市品牌，树立富有人文内涵的城市形象，塑造当代城市居民精神新风貌。

中国是一个多民族国家，城市建设应从多民族地域文化中提取地域特征元素，形成具有地域特色的现代建筑群落。城市、区域、建筑群落形成一个整体系统的同时，每个建筑也应各具主题，传承当地的文化特色。将文化传承根植于设计思路中，构建立体、多维、功能复合的城市空间，在当今城市复兴的大环境中尤为重要。

以人为本

在城市化快速发展的时期，"重物轻人"的理念带来了诸多问题，如空间品质缺乏魅力、公共场所缺乏活力、土地效益降低等。以物质为视角的传统发展模式逐渐被时代淘汰，城市回归到以人为本的发展理念，进入空间经济发展的新阶段。

公共空间是一个城市的客厅，为城市带来了活力与色彩，为城市提供了多种新的可能，让人们逃离了城市的喧嚣。因此，公共空间设计不是简单地赋予场地意义和单纯地追求形态上的美学。公共空间应基于对社会背景和公众利益的理解，为最佳人性化服务而设计，在满足人的需求的同时，改善现代城市生态和居住环境，提升城市活力。

科技创新

资源利用浪费，行业科技含量不足，技术水平有限，以及行业全流程、多专业之间衔接不完善，工程设计、施工、运维等各阶段存在脱节现象是如今设计行业发展面临的主要问题。建筑行业要适应中国发展的新方位，培育新动能，以建设数字中国作为新时代国家信息化发展的新战略，推动新发展，创造新辉煌。

科学技术发展为城市带来变革，新兴科学技术发展推动城市建设，人们变得更加重视数字技术在社会生活、经济生活中的新的作用。可持续发展技术、可再生能源设计等概念在城市中大量产生。光伏建筑一体化（BIPV）、人工智能、碳排放计算与优化，科技和行业的结合，让建设更生态，让国家内循环更加速，让未来更美好。

精神自信

精神维度是城市价值审视的终极目标。建筑师应致力于让城市和建筑成为文化、情感与精神的空间载体，借其展现中华智慧，弘扬文化自信，体现中国精神。

照搬外来观念与技术手段会导致中国传统城市设计精神失落。建筑师应充分学习中国传统智慧，传达中国价值，通过转化传统营造手法、创新传统山水城市观，展现新时代的东方智慧。

传统山水城市观有着一套对山水、城市、乡村、园林的自然、有机的理解。对这种传统而系统的城市观的现代转化，有助于发展出面向现代城市的有机治理系统，并使中国城市和建筑体现出当代的山水意境和东方韵味，进而传达中国精神和东方智慧。

建筑师最大的职责在于通过建筑唤起人们对自身所处的时代的关怀，建筑创作的过程是基于建筑所在的场地，从生态、文化与人本的维度出发寻找思路，再用现代建筑的科技语言表达出来，创造出建筑独特的意境，也就是用自然体现生态性，用文化体现地域性，用人本贯彻市民性，用意境传达精神性，最终通过技术实现时代性。我将这一设计策略称为建筑的"在地生长"，也就是立足中国社会的现实，借鉴原生的乡土智慧，回应现代语境下的挑战，设计符合历史语境与当代文化的建筑形象，使人类可以更加诗意地栖居在其归属之地。

《建筑中国》汇集了近两年中国建筑设计的很多优秀作品，这些建筑将立于城市，成为文化、情感与精神的空间载体。作为建筑师，需要思考如何从生态、文化、人本、科技等四个维度认识我们的城市，构建对城市价值的评价，寻求与之相适应的设计策略，从而创作出符合时代精神的优秀建筑，进一步提升城市的品质，提高人民群众在城市中的幸福感和归属感。以生态为本底，以文化为灵魂，以人本为核心，以科技为手段，这是当今建筑师应该践行的设计理念。望你我共勉。

目录

酒店建筑 259

▶ 教育建筑

DUCATIONAL BUILDING

贵阳万科理想城小学

▶ **设计公司**：上海和睿规划建筑设计有限公司
主创建筑师：陈涵非
室内设计：泽辰设计
景观设计：壹安设计
项目地点：贵州，贵阳
完成时间：2020 年
场地面积：24 321 平方米
总建筑面积：23 000 平方米
项目摄影：彭子攀
结构形式：框架结构

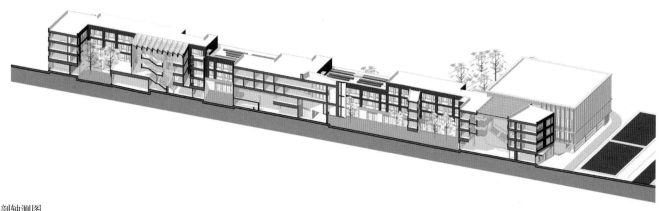

剖轴测图

　　理想城小学的基地条件有些特殊，东西向长达 300 多米，而南北向进深最大只有 100 米。传统学校设计中以中轴串联教学楼的鱼骨状空间在本案中是无法应用的，而如果采用普通的院落型空间，因为地块狭长，设计中也有很多阻碍。

　　学校明确提出了所需的几类空间：入口大厅的双层悬挑空间、尽可能大的多功能厅、带看台并可设置多个场地的风雨操场、可供课间活动的大走道空间和趣味空间，以及大量的校园室外灰空间。

　　综合以上条件，设计师先将运动场地布置于用地最东侧；然后在东西向上将学校建筑分为高年级区和低年级区，并将教师办公室及卫生间设置于侧翼，形成半围合形式的空间院落；再将中间部分的建筑体块设置为行政办公楼和

图书馆，并向北退出校园入口广场用地；在运动场的东侧安置体量最大的食堂、多功能厅和风雨操场综合体。

　　教学和办公用房整体向上浮动一层，底层完全架空。底层空间从左到右被划分为下沉庭院、花园、大型通高中庭等 7 个室内、室外空间和大量的半室外灰空间，减少建筑的长尺度带来的沉闷感。设计师希望将整个校园设计成一个小型社区空间，里面包含多个特点鲜明的小空间，让孩子们在上课之余有更多的交流可能。多层次的空间也为学校今后组织教学文化活动提供了丰富的场地。

　　两个通高中庭拥有明亮的玻璃天顶、景观楼梯和大型台阶，可以举办各种校园集体活动，也可以承载各种临时使用功能。这些差异化的设计可以给孩子们提供更加丰富的空间感受，增强他们对各自教学区的认知和归属感。

▼ 拓展阅读

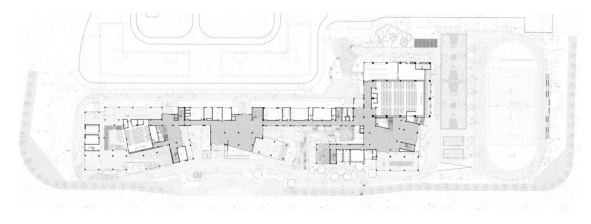

一层平面图

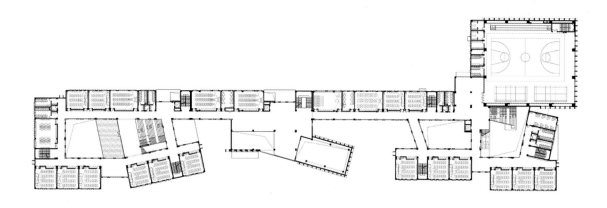

二层平面图

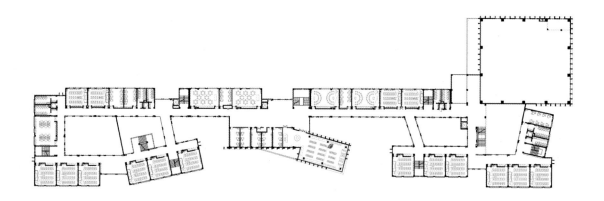

三层平面图

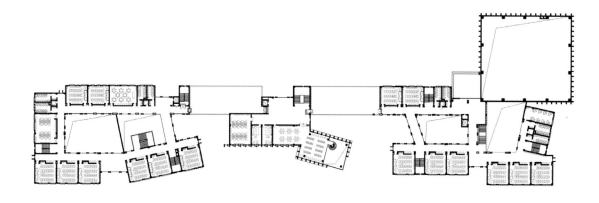

四层平面图

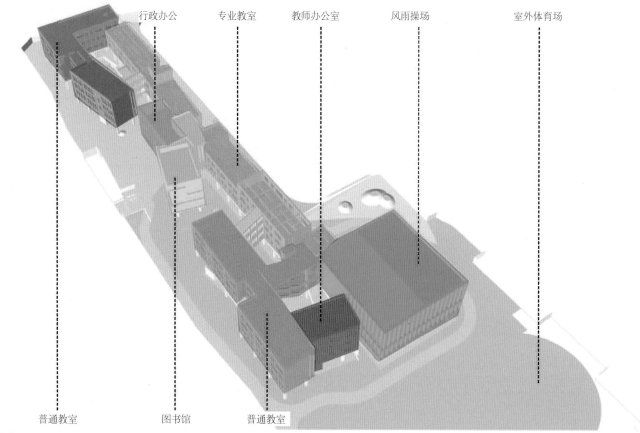

行政办公　　专业教室　　教师办公室　　风雨操场　　室外体育场

普通教室　　图书馆　　普通教室

功能布局

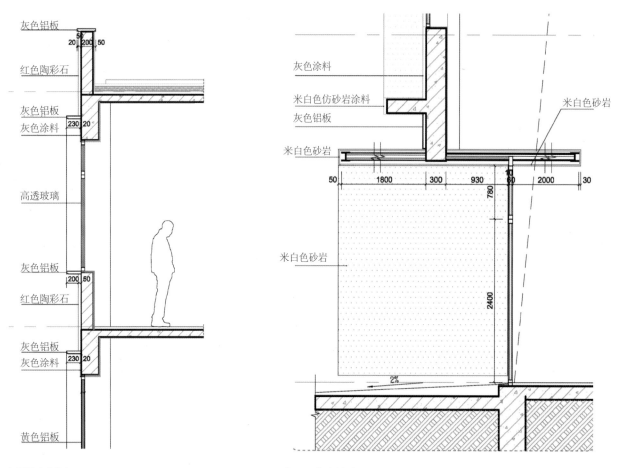

灰色铝板

红色陶彩石

灰色铝板
灰色涂料

高透玻璃

灰色铝板

红色陶彩石

灰色铝板
灰色涂料

黄色铝板

灰色涂料

米白色仿砂岩涂料
灰色铝板

米白色砂岩

米白色砂岩

米白色砂岩

2%

窗框节点详图　　　　　**主入口节点详图**

苏州西交利物浦大学影视与创意科技学院

▶ **设计公司**：建斐建筑咨询（上海）有限公司
主创建筑师：刘照安（James Lew）
项目地点：江苏，苏州
完成时间：2020 年
场地面积：6848 平方米
总建筑面积：6848 平方米
项目摄影：张立
结构形式：钢结构

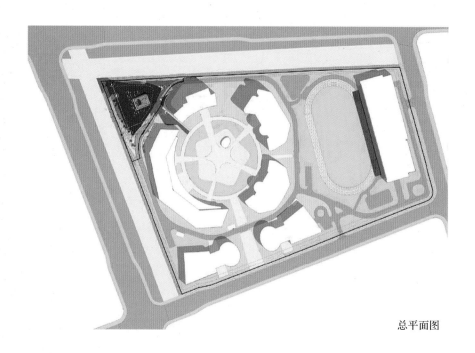

总平面图

　　建筑师与苏州西交利物浦大学合作，将位于南校区的影视与创意科技学院设计成一座高标准的专业教育建筑，以致力于提升高等教育质量，探索中国高等教育新模式。该设施鼓励学生在开放的展览空间中展示和表达他们的创意作品。

　　建筑拥有独特的自由式屋顶，凸出于建筑立面，既有遮阳节能的功能，也带来了全新的半室外公共空间。全玻璃立面为接待大厅带来了充足的光线，同时也很好地诠释了当代建筑风格。室内宽大的楼梯为学生提供了宽敞的座位，这里是一个俯瞰整个大堂的好地方。楼梯还连接着电影院、电影制作工作室和后期制作室等房间。这里所有的设施都配有最先进的设备。

　　设计师的初衷是试图实现建筑与电影的类比，因此，从空间设计到建筑元素的选取都经过了特别的考虑，以便创造出特别适合电影学校的优秀建筑。

　　在外部形态的设计上，方案综合考虑了项目环境和主题，以景观延伸、周边文脉、有遮蔽的公共区域、标志性的视觉焦点、色彩反射和透明质感作为六个出发点，为立面和屋顶设计提供了灵感。室内功能可以分为四大部分：制作区、后期区、放映区，以及行政支持区。其中制作区、后期区与放映区为主要功能空间，而行政支持区为辅助空间。

▼ 拓展阅读

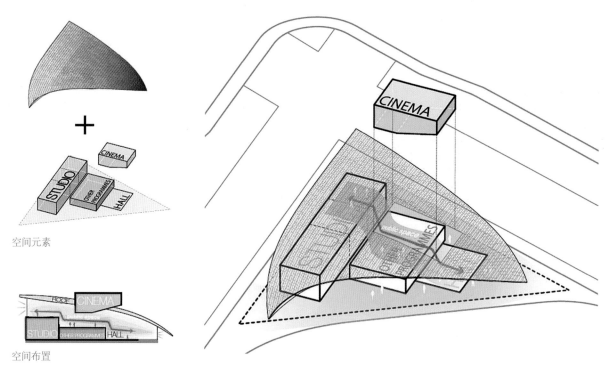

空间元素

空间布置

空间组合

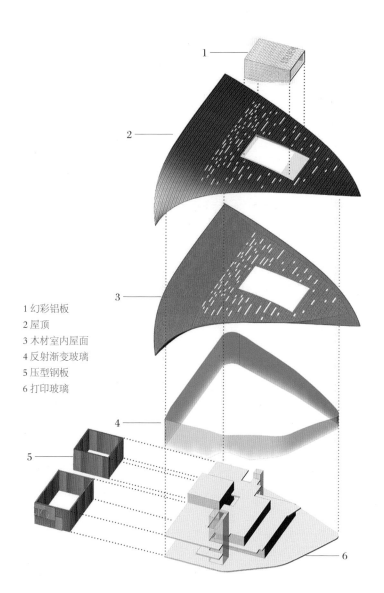

1 幻彩铝板
2 屋顶
3 木材室内屋面
4 反射渐变玻璃
5 压型钢板
6 打印玻璃

分析图

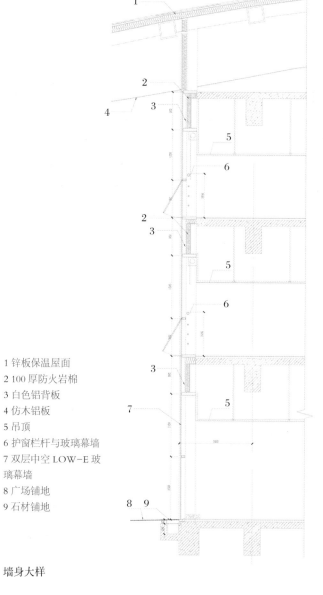

1 锌板保温屋面
2 100 厚防火岩棉
3 白色铝背板
4 仿木铝板
5 吊顶
6 护窗栏杆与玻璃幕墙
7 双层中空 LOW-E 玻璃幕墙
8 广场铺地
9 石材铺地

墙身大样

佛山梅沙双语学校

▶ **设计公司**：深圳市欧博工程设计顾问有限公司
主创建筑师：毛冬
施工图设计：广东启源建筑工程设计院有限公司
室内设计：深圳市九度空间室内设计有限公司
景观设计：杰地景观设计
项目地点：广东，佛山
完成时间：2020 年
场地面积：62 138 平方米
总建筑面积：110 051 平方米
项目摄影：田方方

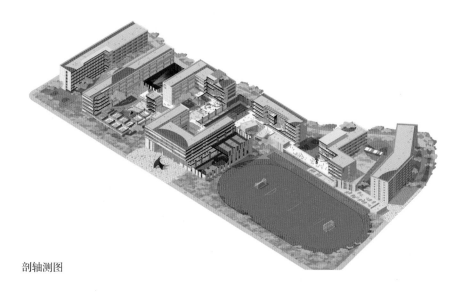

剖轴测图

　　佛山梅沙双语学校为全寄宿制九年一贯制学校，办学规模为 72 班小学和 36 班中学。在力求建成一流的现代化优质学校，融合中西文化精髓，推进育人方式和学习空间变革的需求背景下，建筑师提出"游园社区"的设计概念，"学、宿、食、憩、游"等不同功能空间相互渗透，使学校从简单的教学场所演变成多样体验的游乐场，打造寓教于乐、多元复合的学习生活场所。

　　校舍建筑布局设计采用了"大园小院""情景交融""共享联合"的空间模式，同时规避了传统校园的中轴对称的空间模式，以线性串联的方式营造出"大园小院"的中国园林空间意向，塑造自由开放的空间。

　　主要建筑呈南北向，使用频率较高的图书馆、体育馆、食堂等设施穿插于各栋建筑底层，常规教室空间设置于 2 至 5 层。院落提供多主题、聚落型的学习共享空间，鼓励学生积极探索。半围合式院落形成开敞的视觉通廊，创造丰富的视野，实现"情景交融"。

　　"共享长廊"串联"活力核"，营造校园漫游系统，通过不同尺度的屋面平台和庭院联动整个校园，并由底层贯穿至屋顶。形状空间各异的"活力核"嵌入基本的校园功能空间，作为校园的激活点，打破了室内外空间的边界。

　　"共享长廊"是校园中的主要交通空间，将教室、生活空间、运动场所、景观绿地有机串联，形成多层次、全方位、立体化的活动场所，创造出具有丰富空间体验的社交和非正式教学空间。课间活动露台、观星台、屋顶农场、屋顶篮球场等，可以令孩子们以体验探索的方式感知教育；艺术盒子、户外讲台、户外剧场等，形成丰富有趣的社交空间。庭院的塑造各具特色，匹配各年龄段孩子的天性与教育需求，令学生在 9 年的漫长校园生活中拥有丰富多彩的记忆。

▼ 拓展阅读

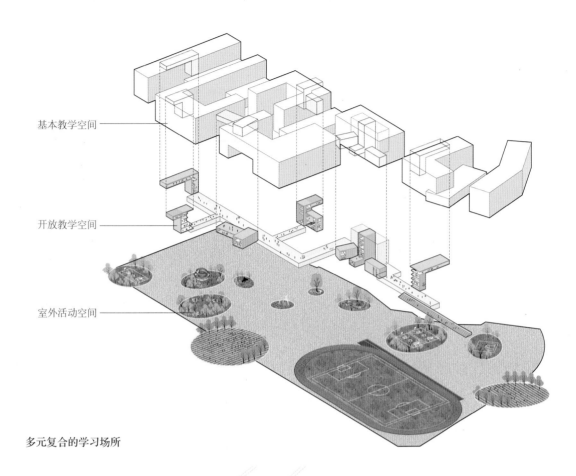

基本教学空间

开放教学空间

室外活动空间

多元复合的学习场所

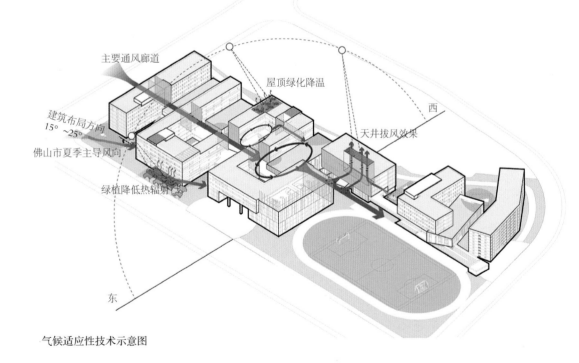

主要通风廊道

屋顶绿化降温

建筑布局方向
15°~25°

天井拔风效果

佛山市夏季主导风向

西

绿植降低热辐射

东

气候适应性技术示意图

漫游空间示意

纸飞机幼儿园

▶ **设计公司**：迪卡建筑设计中心
主创建筑师：王俊宝
项目地点：云南，蒙自
完成时间：2020 年
场地面积：27 972 平方米
总建筑面积：20 000 平方米
项目摄影：侯博文

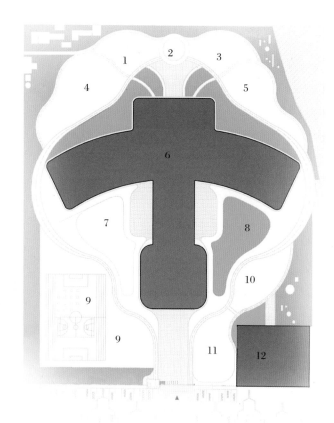

1 户外餐饮体验
2 环保塔
3 迷宫
4 戏水区
5 攻城对战区
6 教学中心建筑
7 活动操场
8 游戏区
9 操场
10 坡地游戏区
11 沙池树屋
12 早教中心

总平面图

从童年记忆出发，设计师找寻每个人的童年记忆中都有的纸飞机，设计出了"纸飞机幼儿园"，因为孩子的趣味是最富有共通性的。"纸飞机"的螺旋桨成了此幼儿园的标志物，简单又醒目，引导孩子们走进园所大堂，给他们在游览学习中指明方向。当螺旋桨转动的时候，幼儿园仿佛活了起来，孩子们好奇而欢快，进入一个既不真实又很真实的世界。"纸飞机"的造型为这所幼儿园创造了一个标志性形象，其精神是"放飞梦想"。这小小的艺术印迹恰当地体现了学校的教学使命，也是这所幼儿园的定义。

建筑师不仅将幼儿园视为孩子的学校，也将它视为带有含义的建筑。屋顶环形的大天窗是最棒的设计之一，光从屋顶上洒下，仿佛投下一道通往异世界的门。教室大面积的落地窗，让幼儿园的内部与自然外界融为一体。通透明亮的空间让孩子们能真切地感知到世间万物，以及四季变迁。室内活动空间的开阔、宽敞，意味着孩子与孩子之间、孩子与老师之间会有很多交流的机会。建筑师不仅让建筑外观充满惊喜，对其中的细节也把握得非常到位。

▼ 拓展阅读

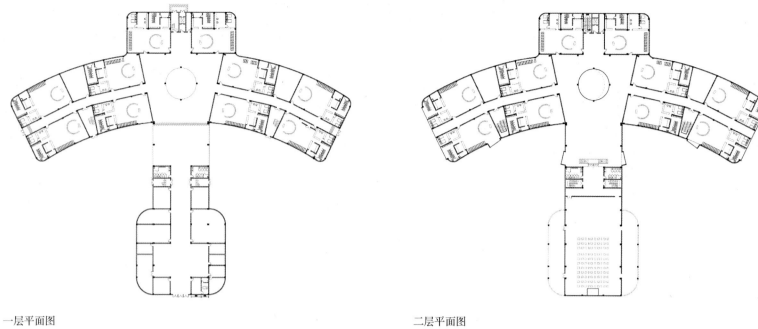

一层平面图　　　　　　　　　　　　　　　　　　　　二层平面图

立面图 1

立面图 2

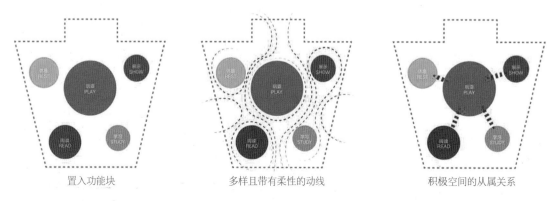

置入功能块　　　　　　多样且带有柔性的动线　　　　积极空间的从属关系

分析图

TV SHOW

郑州绿地爱华国际学校

▶ **设计公司：** 上海尤安建筑设计股份有限公司
主创建筑师： 杨进峰、陈超、郭如意
施工图设计： 晟华建筑工程有限公司
结构与机电设计： 郑州市建筑设计院第一工程设计院
项目地点： 河南，郑州
完成时间： 2020 年
场地面积： 30 666 平方米
总建筑面积： 32 442 平方米
项目摄影： 夏强

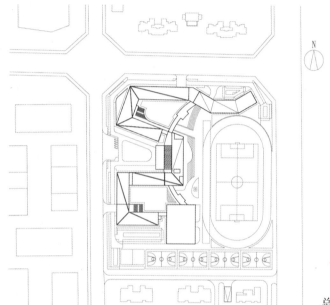

总平面图

一个在大院里成长的小孩是幸福的，那里有安全感，有向心性，能肆意玩耍，也能有一点儿沉思、默想。

在这一中心思想的指引下，建筑师采取了四个步骤"筑台"——以传统四合院为原型，提取围合元素作为设计母题，结合功能需求对其进行解构，形成新的建筑基本形态；"取廊"——以时间为脉，串联起不同的院落，为孩子们制造人生中最美好的回忆；"架顶"——在林立的高楼之中寻找自然的气息，通过对传统建筑屋顶形态进行提取、解析、重构，形成如连绵的山峰一般的第五立面，这是对文化的传承，也是对自然的向往；"提韵"——每一个院落植入园林化设计理念，这是对当代教育中人文场所精神的探索实践。通过这四步，建筑师将设计理念落实到方案的形式与空间中，形成具有安全感和文化性的教育。

杨·盖尔（Jan Gehl）所著的《交往与空间》中将公共空间中的户外活动分为三类：必要性活动、自发性活动和社会性活动。这本书的观点为本次设计带来了很大的启发，无论在任何情况下，建筑室内外的生活都比空间和建筑本身更根本、更有意义。校园生活就是必要性的活动，它不随季节环境的变化而改变。这所学校的环境塑造考虑了个人或群体的平凡，甚至琐碎的日常需要。

校园内的每一个院落都以水、木、石为主要设计元素，营造出雅致的学习氛围与可持续发展的生态环境。校园的户外环境更像是一个社交时间的容器，学生的社会知识的发展主要建立在观察周围社会环境的基础之上。例如，一些孩子看到别的孩子在玩耍，就会情不自禁地想要加入；通过观看别的孩子或成人的活动，他们会创造出一些新的游戏。这就是我们要创造一个富有活力的户外活动空间的意义。

▼ 拓展阅读

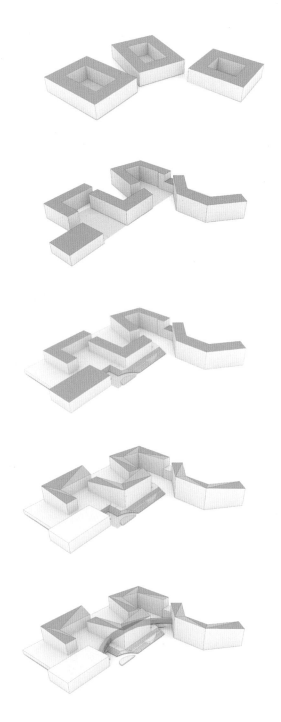

规划生成图

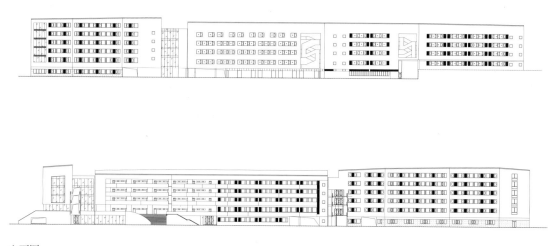

立面图

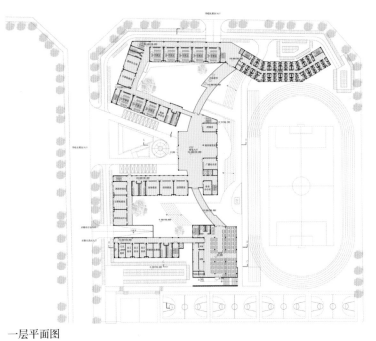

一层平面图

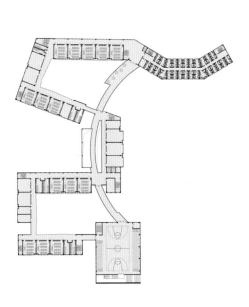

二层平面图

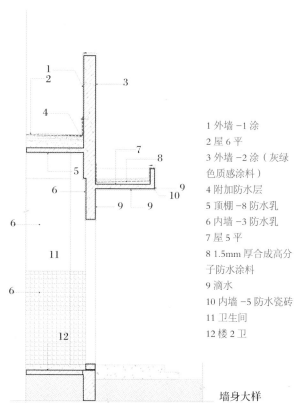

1 外墙 −1 涂
2 屋 6 平
3 外墙 −2 涂（灰绿色质感涂料）
4 附加防水层
5 顶棚 −8 防水乳
6 内墙 −3 防水乳
7 屋 5 平
8 1.5mm 厚合成高分子防水涂料
9 滴水
10 内墙 −5 防水瓷砖
11 卫生间
12 楼 2 卫

墙身大样

红河学院综合教学楼

▶ **设计公司：** 景森设计股份有限公司

主创建筑师： 刘平、周末、黄和蛟

项目地点： 云南，蒙自

完成时间： 2020 年

场地面积： 24 358 平方米

总建筑面积： 40 168 平方米

项目摄影： 黄显志

结构形式： 框架结构、钢结构

主要用材： 玻璃幕墙、造型铝板幕墙、玻璃纤维增强混凝土、质感涂料

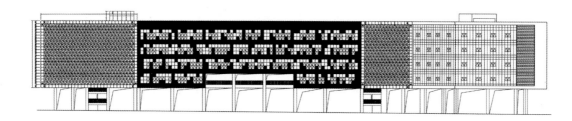

北立面图

相比传统的学校建筑只是"消极"地去提供一个个分割的空间把学生"装"进去，红河学院综合教学楼的设计旨在让学生从室内走向室外，让室内与室外自然连接。学校不仅仅是教育学生的场所，也是学生的活动中心、生活中心。

该项目的设计理念是营造一个能够享有精致教学空间、具有生机和活力、充满人文及艺术气质的学习场所。其核心任务是把现代教学空间要求与具有个性的交流空间完美组合，使建筑形象清新自然，符合本区域特性，与周边街区的环境相协调。

建筑的立面格调表现出现代主义的形态构成、简约主义的审美情趣，以及自然主义的视觉体验。铝网格幕墙体系解决了长时间日照对教室环境的不良影响。

教学楼以中庭围合的形式，采用首层架空，底层增加景观绿化的处理，让场地周边的视线和气流都可以不受阻碍地自由流转。丰富的中庭系统让学生们在学习的间隙也能有一个休憩和放松的区域。所有设计的目的都在于减少对学生的束缚，增加他们的交流和碰撞。

建筑师摒弃了传统教学楼中平直的走廊空间，采取自由灵动的交互式体验设计，设置不同尺度的走廊体系，形成很多大小不同、富有特色的交流空间，体现了现代大学开放、积极的理念和文化，为学生提供了一个可以交流、学习、休闲的现代化教学空间。

从学校文化品位的一以贯之，到材料的精挑细选，再到对公共空间的行为模式的研究，独具匠心的建筑师既是美学家，也是建筑师，更是文学家，他们将自己独到的认知融入校园集聚空间的每一个细小的角落。

▼ 拓展阅读

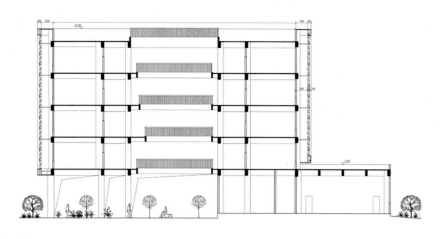

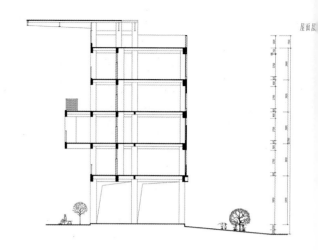

剖面图

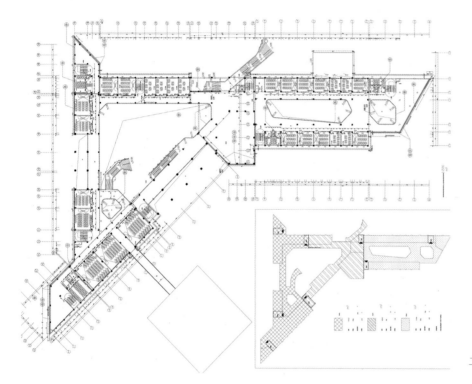

二层平面图

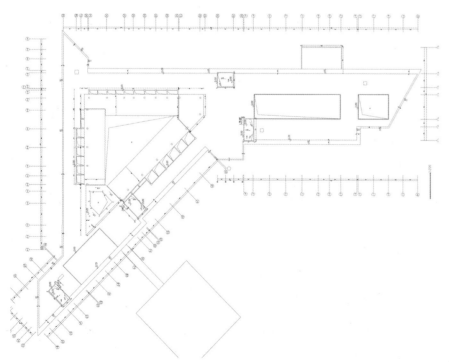

屋顶平面图

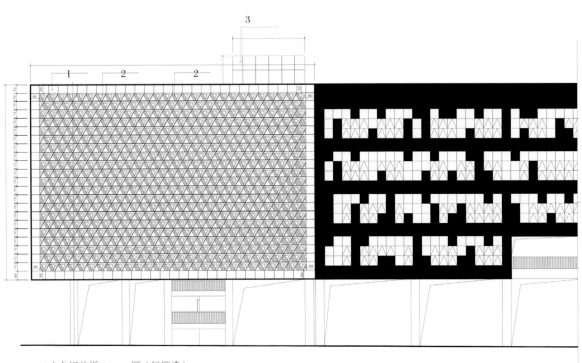

1 白色铝单板 2.5mm 厚（氟碳漆）

2 红色铝单板 2.5mm 厚（氟碳漆）

东立面局部拼接　　3 外墙遮阳铝板

黄城根小学昌平校区

▶ **设计公司：**北京和立实践建筑设计咨询有限公司
主持建筑师：马笑漪
项目地点：北京
完成时间：2020 年
总建筑面积：29 098 平方米
项目摄影：夏至
结构形式：混凝土框架
主要用材：环保涂料、超厚 ZL 增强岩棉保温、LOW-E 中空玻璃窗、室内橡胶地面、矿棉板、金属网及发光膜吊板

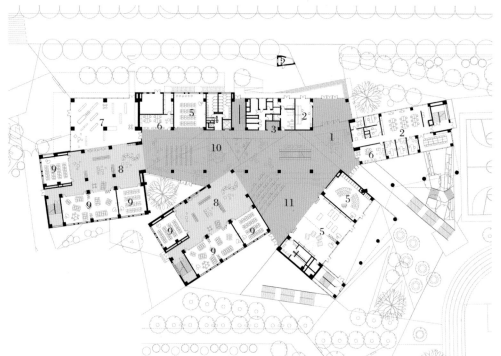

1 接待大厅
2 行政办公室
3 饮水处
4 卫生间
5 专科教室
6 教师休息室
7 画廊
8 年级客厅
9 班级教室
10 学生中心
11 中庭

首层平面图

　　黄城根小学昌平校区项目是一次将建筑理念与教育理想高度结合的设计实践，也是北京市第一所被动房学校建筑。

　　项目的整体空间格局被命名为"盒子和院子的故事"。"学习社区"取代了传统的"教室 + 走廊"的布局，成为空间的基本单元。每个年级有 160 名学生，恰好是一个孩子在一年时间内能够认识的最多人数，因此学习社区又称为"年级客厅"。年级客厅为孩子们提供了安全感和归属感，促进课堂的延伸和多学科的交叉。年级客厅、专科教室、图书馆、多功能体育馆、餐厅、报告厅形成了若干个"盒子"。为了提供充足的采光和通风，盒子在平面布局上旋转，形成了多个三角形院子。

　　最大的院子是位于建筑中央的三层通高的表演艺术中庭，中庭与舞蹈戏剧教室以及"演艺院子"在室内外形成一系列非正式的演出和集会场所。"生活院子"则是室外下沉庭院，连接了餐厅、体育馆和乐队排练厅，是举行草地音乐会的理想空间。

　　多个"盒子"衔接而界定的多边形空间连接各类教室，形成了学生中心、创客空间、生活中心等主题学习场所，取代了传统的走廊，为授课、演示、展陈、表演、项目学习等提供了多样化的环境，实现了"处处可以学习"的教学环境。建筑师将这些公共空间称为"智能中心"，这是著名教育家霍华德·加德纳（Howard Gardner）提出的"多元智能"理论的空间实践。

▼ 拓展阅读

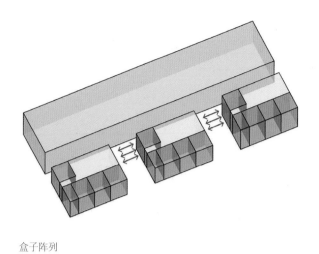

盒子阵列

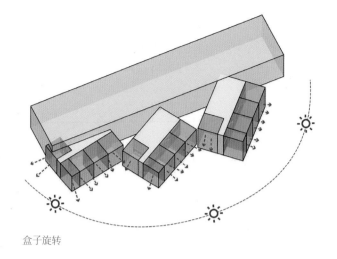

盒子旋转

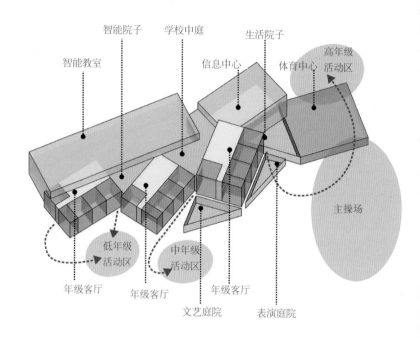

院子生成

盒子与院子的故事

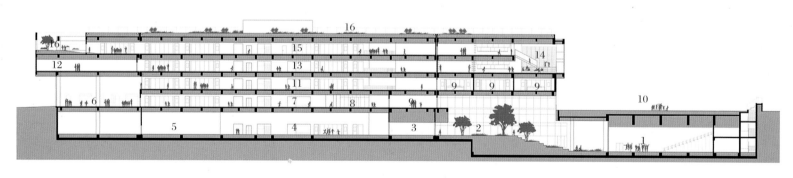

剖面图

1 体育馆	9 专科教室
2 生活院子	10 操场
3 餐厅	11 创客空间
4 生活中心	12 教师办公室
5 自行车库	13 网络咖啡厅
6 画廊	14 图书馆
7 学生中心	15 科学中心
8 接待大厅	16 屋顶种植园

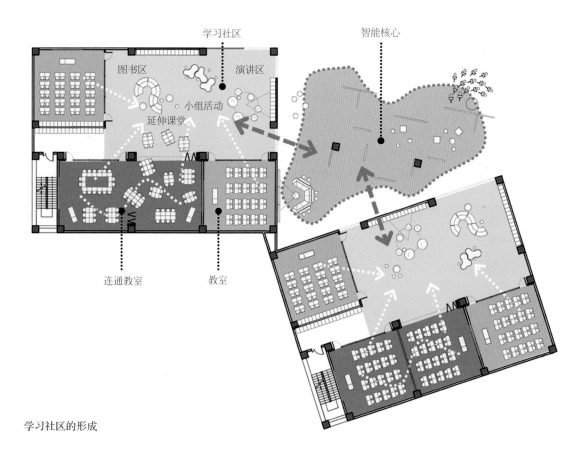

学习社区的形成

重庆弹子石幼儿园

▶ **设计公司：** NAN 建筑事务所

主创建筑师： 南旭、王轶超

设计团队： 唐慧莲、杨慧玲、周鼎奇、王文彧、方晓、陈梦凡、黄麟

施工图设计： 重庆市设计院、中煤科工集团重庆设计研究院有限公司

项目地点： 重庆

完成时间： 2021 年

场地面积： 5400 平方米

总建筑面积： 5400 平方米

项目摄影： 刘松恺

轴测图

弹子石幼儿园位于重庆南岸区长嘉汇片区内，长江和嘉陵江交汇口得天独厚的地理位置为幼儿园提供了独特的景观资源。场地位于裕华路东侧，北高南低，最大高差达到了 10 米。幼儿园拥有 18 个班级，建筑面积 5400 平方米。

建筑师将教室和配套设施作为独立单元，以平面网格的秩序排列，室内与室外交错，形成教室围绕三个庭院布置的空间形态。庭院与庭院、庭院与外部场地之间互相渗透。教室的活动区域使用大面积落地玻璃窗，保证了充足的光照，并将充满生机的庭院景观引入室内。开放的室外走廊将庭院、露台串联起来，提供了丰富的室外游戏空间。

为回应场地高差，并且减少建筑体量给街道带来的压抑感，沿街的教室单元沿地势跌落，形成台阶状的屋顶活动平台。北侧高起的体量带给教室充足的光照和绝佳的视野。大面积的落地窗、连廊，以及内院使整个建筑通透起来，在重庆阴霾的天气下脱颖而出，为社区带来了生机。

通过对空间与形体的处理，建筑的边界被模糊了。通透的体量增加了空间的层次和趣味性，在给孩子们提供捉迷藏、探索空间机会的同时，也培养了他们的创造力。

朝向江岸的凸窗，以优雅的形态打破了正交网格的无趣，把沿江景色引入教室。为减少柱子对活动室空间完整性的破坏，支撑结构在此处变为弧墙，并使形体呈现出悬臂梁的受力特点，使结构、形体与空间逻辑达到统一。

▼ 拓展阅读

一层平面图

二层平面图

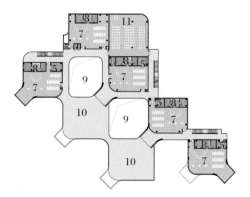

三层平面图

1 入口
2 保卫处
3 办公室
4 前台
5 储藏室
6 厨房
7 托幼室
8 卫生间
9 院子
10 露台
11 影音室

台州三门健跳大孚幼儿园

▶ **设计公司：** 上海思序建筑规划设计有限公司
主创建筑师： 王涛
项目地点： 浙江，台州
完成时间： 2020 年
场地面积： 9580 平方米
总建筑面积： 8000 平方米
项目摄影： 吴清山

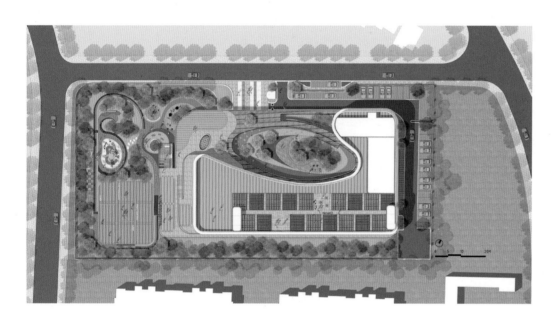

总平面图

　　幼儿园是一个单纯的教学空间，是孩子从小家到大世界的过渡场所，也是承载他们童年无忧记忆的珍贵容器。建筑师应该用合适的设计、舒适的空间，启发孩子对于空间的思考，呵护他们与生俱来的想象力和创造天赋。在该项目中，设计师强调将本土文化和区域特色融入建筑内外，用专业化一站式的设计打造浑然一体的园所。

　　设计师面临的最大难题是，如何在有限的空间内，营造最合理的空间布局。在不对原有地貌结构进行大范围调整的基础上，设计策略是将园所设计成自上而下层层后退的阶梯结构建筑，并使其包裹着一个柔和、具有延续性的绿色中央庭院。庭院是整个幼儿园与自然的连接，既改善了全园的采光环境，又赋予了孩子们自然奔跑的空间。

　　设计以健跳小镇的海洋文化为依托，以"陆地上的甲板"为概念，为这所学校赋予了全新的形象——"眺望大海的城市甲板"。建筑各层设置交互环游式体验路径，串联起庭院与室内空间。这个外部围合、内部开阔的空间，让孩子们在游览学习中提升空间逻辑和方位感，感受群体的亲密和联结，并能在建筑赋予的能量中，感知脚踏的土地和自我的关系，启发自己更多天马行空的思考。

　　园所的室内设计是基于船舱的形象抽象变形而来的，空间安全、通透，光线饱满、柔和。顶面曲线灯带与地面的弧线相呼应，延展了室内的空间感和安心的包围感。顶部圆形灯和墙面圆形凿洞等细节隐喻着海水的气泡，富有童趣又深邃的设计，也是对海洋文化的独特致敬。

▼ 拓展阅读

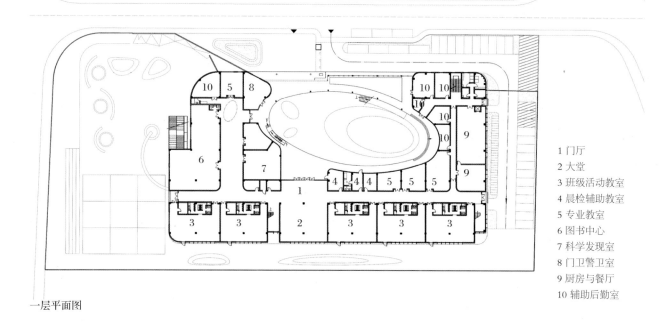

一层平面图

1 门厅
2 大堂
3 班级活动教室
4 晨检辅助教室
5 专业教室
6 图书中心
7 科学发现室
8 门卫警卫室
9 厨房与餐厅
10 辅助后勤室

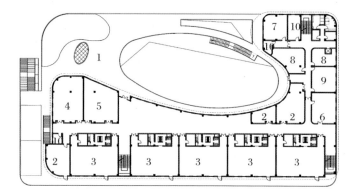

二层平面图

1 活动平台
2 专业教室
3 班级活动教室
4 美术室
5 手工室
6 计算机室
7 园长室
8 办公室
9 会议室
10 辅助后勤室

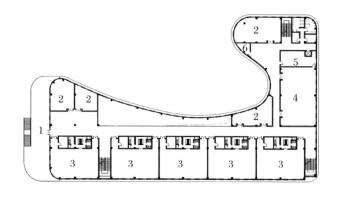

三层平面图

1 活动平台
2 专业教室
3 班级活动教室
4 多功能活动室
5 设备室与广播室
6 辅助后勤室

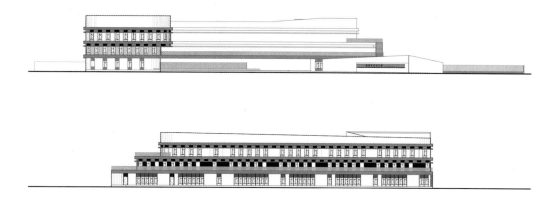

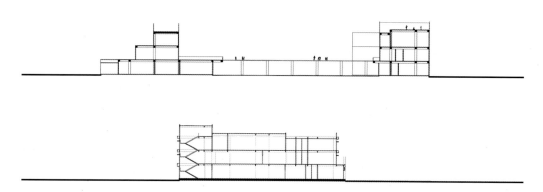

立面图

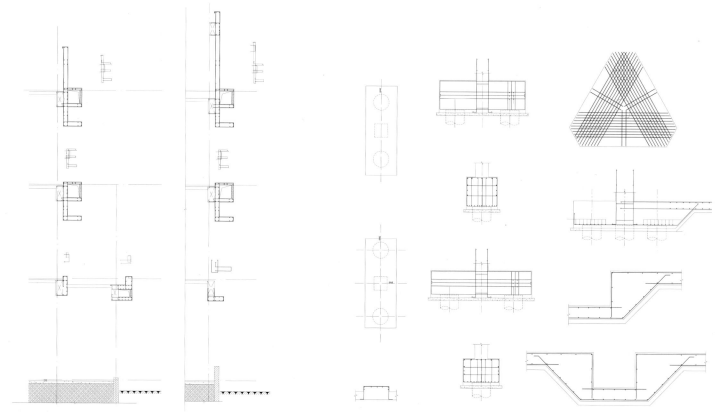

剖面图

室外墙身大样图   集水坑大样图

鲈乡实验小学流虹校区

▶ **设计公司：**启迪设计集团股份有限公司
主创建筑师：李少锋
项目地点：江苏，苏州
完成时间：2020 年
场地面积：28 277 平方米
总建筑面积：38 554 平方米
项目摄影：章鱼见筑
结构形式：多层钢筋混凝土框架结构

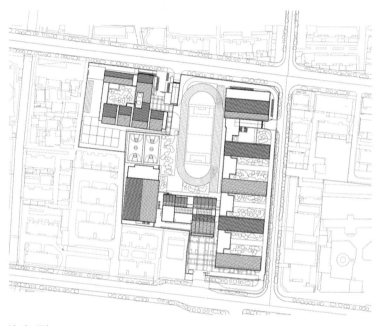

总平面图

鲈乡实验小学流虹校区地处吴江松陵街道，原松陵镇，这里在明朝就已经民生富庶，建筑密集，呈现一片繁华之景。2013 年，松陵镇被划入吴江太湖新城。太湖新城的部分区域为太湖滨湖的空地，其建设呈现的是现代城市的尺度和系统，而原松陵镇区域的建设则是在镇域尺度和设施的基础上，逐步改善和提升的一个循序渐进的城镇化过程，鲈乡实验小学流虹校区的建设就是这个过程中的一部分。因此，通过校园的建设，更好地帮助其所处区域快速、高质量地完成城镇化提升，融进太湖新城建设的体系，是项目设计思考中的一个重要部分。

建筑师使南侧校门退让现存道路 6 米，形成 200 平方米的校外入口集散广场，用来为新建校园创造适宜的主入口空间尺度，减缓校园出入人流对城市交通的冲击。东侧教学楼整体退后，与街道间空出 6 米的距离，留出消防车道的同时，使建筑主体远离狭窄的街道。

同时，围墙被设计为江南水乡传统"游廊"的尺度和形式，并每隔一段设置休息座椅和遮阳挑檐，以照顾校外行人在街道上行走时的身心感受，避免建筑带来的压迫感。

在校内南广场和综合楼这个校园的核心区域，建筑师穿插设计了三个有江南小镇体验的场景，融入并延续学校所处地域的空间记忆。东侧教学楼临庭院的一面，在一、二层立面上采用的是玲珑有致的江南灰瓦片墙的元素，让这个校园主入口的庭院充满民居院落的氛围。

鲈乡实验小学流虹校区建成后，很好地融入了地域环境，为所处原松陵镇的新城镇化提升提供了实践的案例：传承水乡城镇的文脉，尊重并延续地方特色，同时努力提升城市界面的品质和交通组织，促进镇级空间向城市空间的过渡和升级。

▼ 拓展阅读

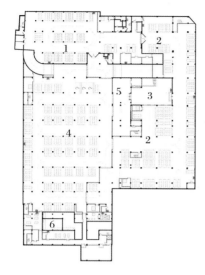

1 幼儿园接送区
2 教职工停车区
3 下沉庭院
4 小学接送区
5 等候区
6 设备区

地下室平面图

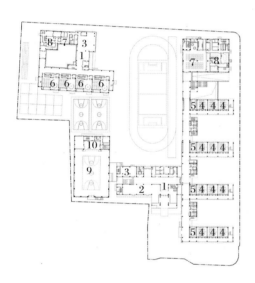

1 门厅
2 校园展览区
3 阅览室
4 教室
5 教师办公室
6 活动室
7 餐厅
8 厨房
9 训练场
10 主席台

一层平面图

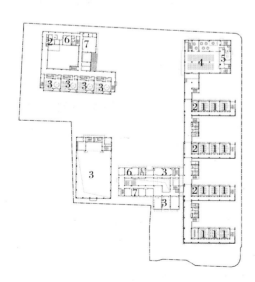

1 教室
2 教师办公室
3 活动室
4 餐厅
5 厨房
6 会议室
7 备用空间

二层平面图

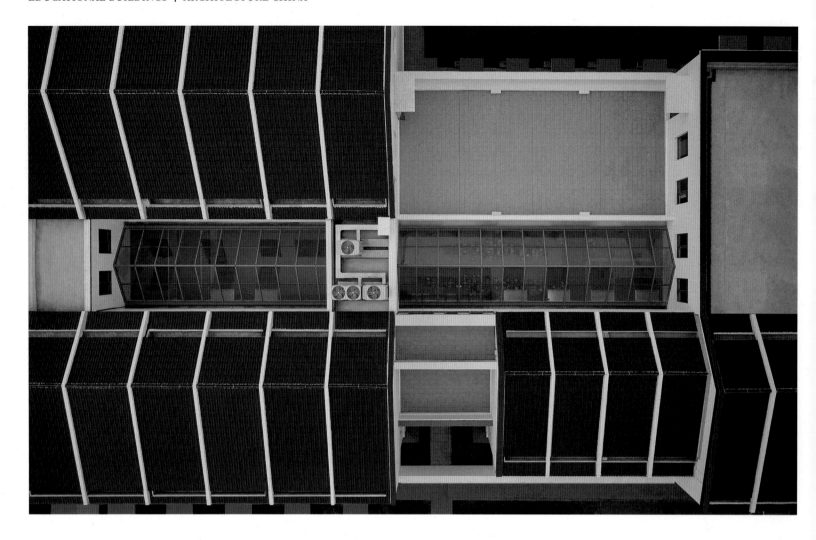

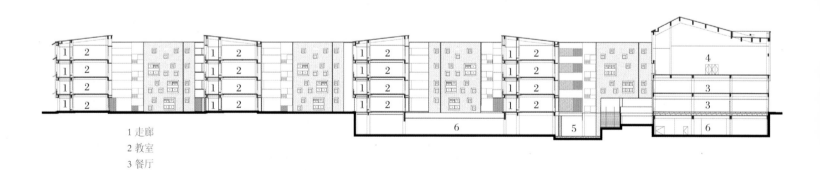

1 走廊
2 教室
3 餐厅
4 报告厅
5 下沉庭院
剖面图 1　6 地下车库

1 门厅
2 办公室
3 教室
4 会议室
5 活动室
剖面图 2　6 校园电视台

老鹰画室

▶ **设计公司：** waa 未觉建筑
主创建筑师： 张迪、杨杰克
项目地点： 浙江，杭州
完成时间： 2020 年
场地面积： 33 602 平方米
总建筑面积： 72 187 平方米
项目摄影： 田方方

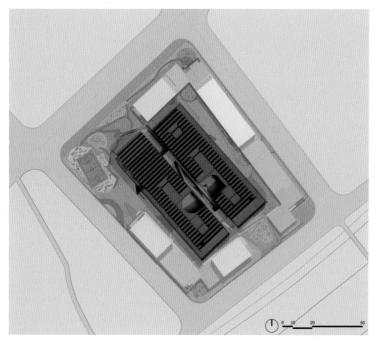

总平面图

老鹰画室是一所培育未来艺术家与设计师的美术教育学校，即将面对高考的艺术类考生将会在这里进行为期 8 个月的强化学习。设计从"场所"出发，意图营造能够让使用人群产生相似的认同感与归属感的空间，创建一个与学习、竞争、居住、梦想相关的建筑。

设计将功能区分为画室、教室、多功能厅、餐饮、体育活动、休闲活动。这些空间被合理地分散到公共空间领域之中，彼此交错相融。这种视觉连接的方式与建筑语态可以在无形中促进人们交流、沟通，并获得身份认同感。建筑脱离了原本空间体量的限制，成为一个立体的多维社交网络，内部与外部的界限从根本上显得模糊而柔和。

位于教学楼三层的画室是一个高 6 米、面积超 10 000 平方米的平层空间，能够容纳 3000 名学生同时在此学习与创作。这个空间是设计中最重要的一部分，整体建筑的布局也由此生成。透光幕墙围合与移除室内墙体的设计策略减少了画室中各功能之间的硬性界限，带来了均质而开敞的空间氛围，建筑自身由此得到了更加强烈的表达。北向幕墙开启便可形成自然通风。为了避免强日光的直射，顶层设有北向天窗，立面可见的锯齿状百叶窗系统成为自然采光带，经过漫反射而得到的光线为艺术学习与创作提供了最佳条件。这样的设计也模拟了艺术类学生经常会在自然光线充足的大空间中进行考试的环境。

学生教室占据了教学楼的首层与二层，中庭与教室之间形成了丰富的阴影，这里是学生课间休息与互动交流的场所。地下层包含食堂和运动空间，通过中庭与两个大型的采光隧道进行采光。学生宿舍环绕布置在教学楼周围，之间形成具有阴影的内部街道，又由较大的学生广场分隔开来。多功能厅则是一个容纳即兴事件与绘画课程的阶梯式空间。

▼ 拓展阅读

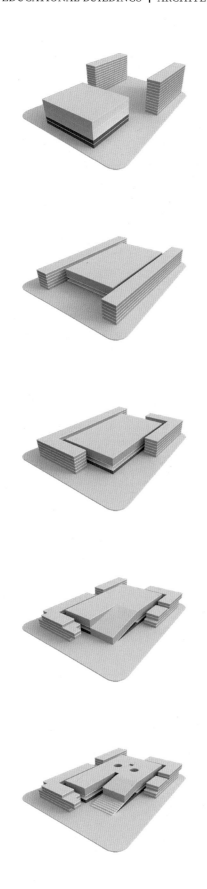

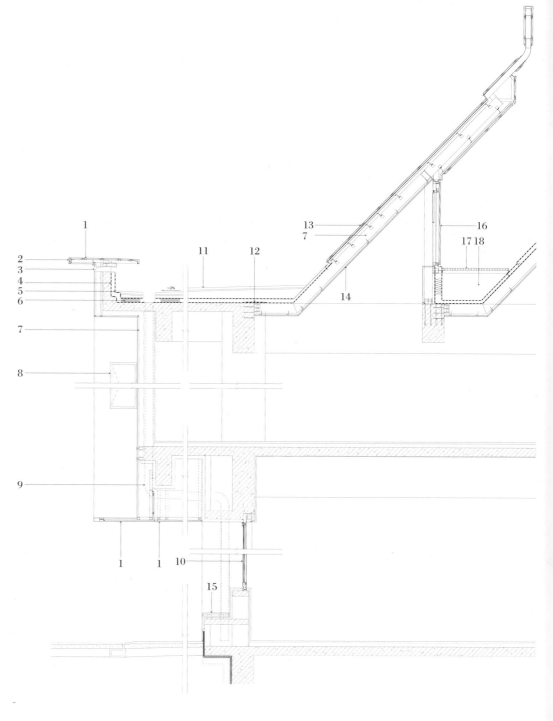

细部节点

1 铝合金板材	10 双层中空钢化玻璃
2 铝合金型材	11 混凝土保护层
3 溢流口	12 附加防水层 + 密封胶填缝
4 非固化沥青防水涂料	13 铝合金屋面
5 防水卷材	14 12mm 无机水泥板
6 保温层	15 木座位
7 二次钢结构	16 天窗
8 开启窗	17 不锈钢格栅
9 雨水管	18 不锈钢排水沟

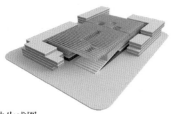

体块生成图

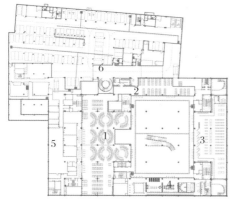

1 餐厅 A
2 餐厅 B
3 超市
4 健身房
5 厨房
6 停车场

地下一层平面图

1 中庭
2 教室
3 展厅
4 阅览室
5 接待处
6 会议室
7 医务处
8 办公区
9 快餐厅
10 画材超市
11 宿舍

一层平面图

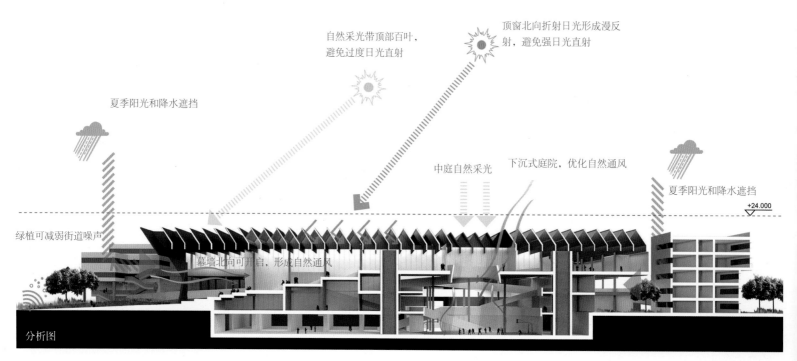

自然采光带顶部百叶，避免过度日光直射

顶窗北向折射日光形成漫反射，避免强日光直射

夏季阳光和降水遮挡

中庭自然采光

下沉式庭院，优化自然通风

夏季阳光和降水遮挡

+24.000

绿植可减弱街道噪声

幕墙北向可开启，形成自然通风

分析图

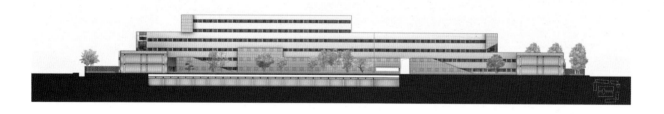

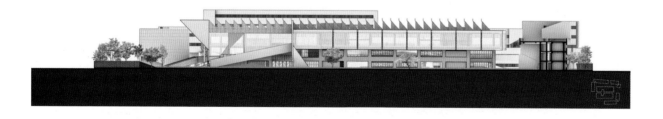

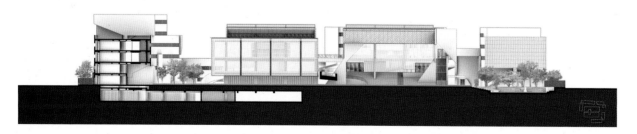

剖面图

立面图

深圳市福田区新沙小学

▶ **设计公司**：一十一建筑设计（深圳）有限公司（方案主创及总控）、深圳市天华建筑设计有限公司（设计总包）
主创建筑师：谢菁、伍颖梅
委托方：深圳市福田区教育局
代建方：深圳市万科城市建设管理有限公司
项目地点：广东, 深圳
完成时间：2021 年
总建筑面积：37 000 平方米
项目摄影：ACF 域图视觉

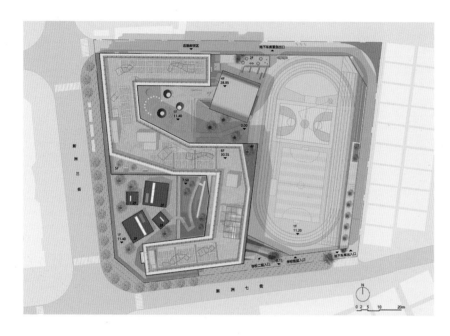

总平面图

新沙小学项目探索在严格规范限制下建筑设计的突破和创新，为孩子们创造一个美好的校园环境。校园周边是高密度的住宅和城中村，形成特有的场地边界，生活气息浓厚。

在紧凑的用地条件下，教学楼的布局被设计为 S 形，形成了南北两个庭院。北庭院圆台状的粉色采光筒和红色"小山丘"，建成后成了孩子们课间休憩的乐园。南庭院是绿色的"小森林"，长长的廊桥穿插在绿植中，让孩子们每天都能快乐地在花草中穿梭，感受自然的美好。

每层教室外走廊放置了各式各样的景观与互动装置，圆润可爱的"小动物"造型周围是课间孩子们最喜欢聚集的地方，教室边上设计了 EPDM（三元乙丙橡胶）地胶，并绘制了地面游戏图案。

在结构设计方面，新沙小学教学楼主要采用框－剪结构，而风雨操场、游泳馆、体育场、多功能厅等高大空间，则采用大跨度钢梁、型钢混凝土梁、钢管内植筋混凝土浇筑、圆拱钢筋混凝土薄壳等特殊结构形式。在多层建筑限高的条件下，建筑师通过严格控制梁高、部分管线穿梁的措施，使室内净高得到保证。

项目采用 BIM（建筑信息模型）正向设计，在设计阶段各专业就在三维模型里进行空间整合和管线综合。BIM 成果也用于指导施工，保证了项目实施的顺利进行。

红堡的穹顶是设计的亮点，也是施工的难点。建筑师希望穹顶室内保留木纹混凝土最原始淳朴的效果，因此保温材料必然要设置在屋顶上。对于模板的木纹选材、模板搭建工艺、保温材料选材、施工工艺及安全性等方面，各参建单位一起反复研究论证，令项目最终完美落成。

▼ 拓展阅读

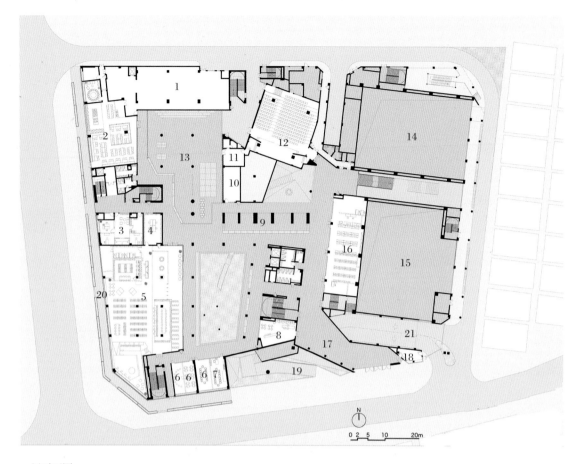

一层平面图

1 厨房	12 多功能厅
2 教师食堂	13 架空层活动空间
3 卫生保健室	14 风雨操场上空
4 图书馆仓库	15 室内游泳池上空
5 图书馆	16 总务处
6 社团活动室	17 接送长廊
7 大队部	18 值班室
8 德育展览室	19 学校主入口
9 展览长廊	20 骑楼空间
10 校园电视台	21 车库出入口
11 准备室	

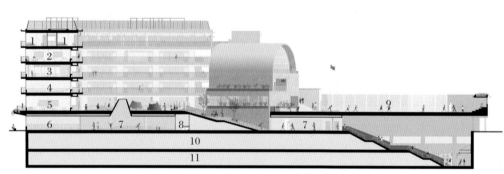

北剖面图

1 教师宿舍	7 架空层
2 计算机教室	8 电视台
3 创客教室	9 露天操场
4 科学教室	10 地下一层车库
5 美术书法教室	11 地下二层车库
6 教师食堂	

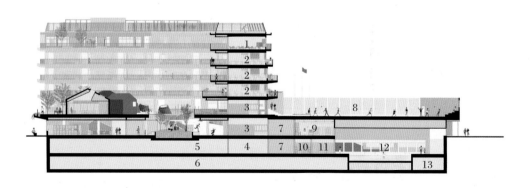

北剖面图

1 科组活动室	8 露天操场
2 教师办公室	9 总务处
3 卫生间	10 更衣间
4 接送大厅	11 淋浴间
5 地下一层车库	12 室内游泳馆
6 地下二层车库	13 设备用房
7 走道	

文化建筑

ULTURAL BUILDINGS

南师大玄武科技园图书馆

▶ **设计公司：**杜兹设计
  主创建筑师：钟凌
  合作设计：罗朗景观
  项目地点：江苏，南京
  完成时间：2020 年
  场地面积：4170 平方米
  总建筑面积：80 000 平方米
  项目摄影：吴清山

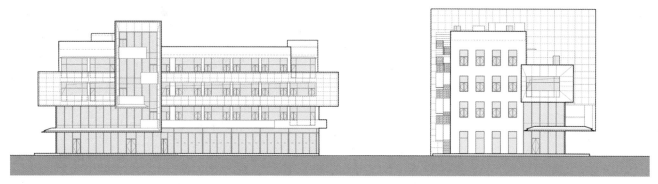

南立面图   西立面图

设计师从建筑历史与城市情感记忆中汲取灵感，将当代设计美学与复合的现代生活业态注入这座拥有近 70 年历史的图书馆，使其焕发新生，成为包含展示、商业、办公、商务、交流等复合功能，充满人文生活气息的新型地标性文化中心。

设计师提炼原建筑中的经典元素和记忆点，保留建筑整体形态与轮廓，并通过现代建筑手法，使其呈现更加开放与现代的姿态。设计策略主要包括"开"与"合"两个步骤。

"开"指打开空间，让建筑形态更加开放，打通内与外的交流。设计师将原有的交通空间打造成一个高 24 米的公共橱窗，突出其文化地标性，同时引入"观山平台"，加强内与外的互动关系。在平面上，设计重构原有的交通核，并在核心区打造上下贯通的天井空间，利用垂直的天井引入自然光线，加深自然与建筑、时间与空间之间的互动。在立面造型上，保持原本的构图关系，但将原来封闭的竖向体块改为通透的玻璃体块，多个公共平台穿插于其中。

为延续书籍在这片空间中留下的温暖记忆，设计师将图书馆的一层与二层改造成了一个开阔、通透、充满人文气息的挑高中庭空间，空间两侧以连续、完整的书墙来界定，书架分隔的线条延续到天花板，形成连续的拱形，强化了空间的精神性，端部则通过自然光线的引入，成为空间中自然与人文的一种隐含沟通。

"合"指注入复合业态，融合现代生活，使图书馆变成一个充满情感、记忆，又有新鲜活力的生活空间。设计师为其注入现代城市生活的复合业态，创新性地将开放咖啡厅、共享办公室、餐饮美食、互联网、生态科技等以当代手法注入图书馆，使其成为城市年轻人的社区生活圈。由此，历史、功能、景观资源在现代的设计手法下形成了完美的融合。

▼ 拓展阅读

选择视觉焦点

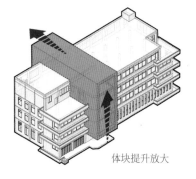

体块提升放大

横向体块穿插

体块分析

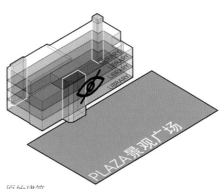

原始建筑
无观景里面
楼梯无法关联室内与室外
图书馆流线与楼梯关联性低

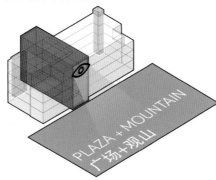

垂直体量
在一定体量内整合人流动线
打开建筑视野
打造室内的视觉及物理联系

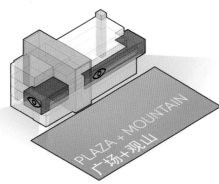

横向体量
强调横向建筑逻辑
打造全景观视野

改造策略分析

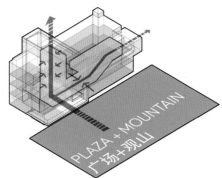

打通室内空间
视觉上打造开敞大气的室内空间
更好的采光，通风和空间关联性
充满活力的挑高空间从视觉上联系了所有楼层

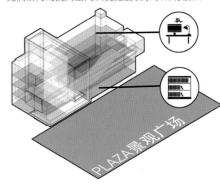

新的功能业态
增加图书馆辅助功能：办公、观景休憩阳台、多功能
灵活空间、会议空间及咖啡厅

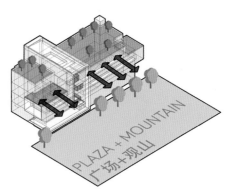

露台景观空间
增加四层和屋顶的露台空间
将室外景观带入建筑
完美建立室内外空间关联，具有理想的建筑逻辑

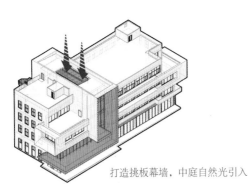

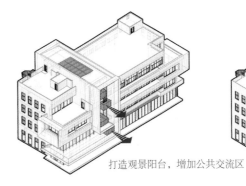

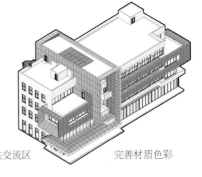

侧窗扩大，打开视野　　　　　打造挑板幕墙，中庭自然光引入　　　　　打造观景阳台，增加公共交流区　　　　　完善材质色彩

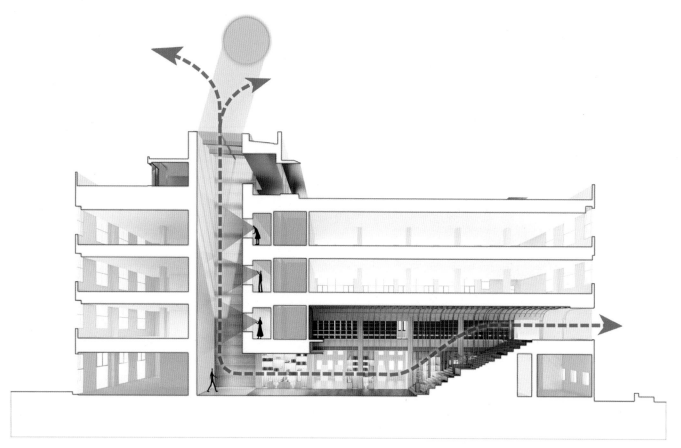

改造后的"图书馆"剖面图

南昌旭辉中心示范区

▶ **设计公司**：CPC 建筑设计
   主创建筑师：邱江、李海文
   室内设计：矩阵纵横
   景观设计：山水比德
   结构设计：上海都市建筑设计有限公司钢结构所
   项目地点：江西，南昌
   完成时间：2020 年
   总建筑面积：1950 平方米
   项目摄影：是然建筑摄影

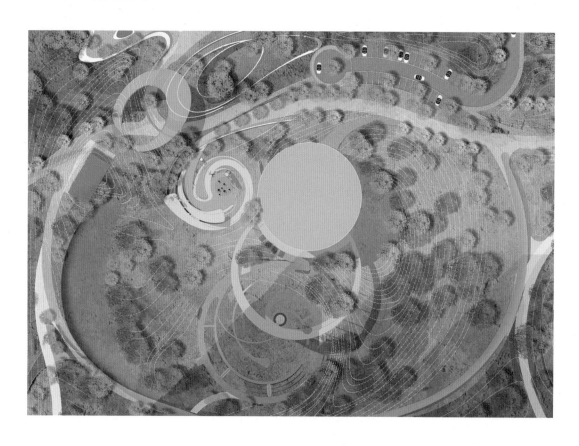

总平面图

    项目位于南昌旭辉中心中央公园的核心区，既要作为"景观外"的建筑面向城市，又要作为"景观内"的建筑面对公园绿化。而作为环境与功能建筑的过渡，圆形最具有亲和力，据此，由实体的圆形建筑延伸，构成虚体的圆形栈道，两环虚实相扣，"飘浮"于公园大地之上。

    主体建筑分为两层，底层为混凝土立面，二层为玻璃立面，虚实对比非常明显。圆形的建筑形体如天外来客一般，直插中央公园，透明的玻璃体块在如茵的绿草间熠熠生辉。同时，圆形建筑与环形栈道相扣，给建筑带来强烈的水平性，从公园或街道等较低的视角望去，呈现出一个飘浮的、正侧面相同的体量形态，极具几何纯粹性。

    一层和屋顶的挑檐拉伸了建筑形体，在阳光下形成的阴影消解了建筑的重量感和体量感；屋面采用轻薄的不锈钢材质，融合主体透明的玻璃幕墙，与圆形空中走廊交相辉映，相得益彰，使建筑总体呈现出飘逸与灵动的形态。

    建筑内部并没有按照轴线设计同心圆墙体，而是采用了内切圆的方式，营造非匀质空间结构，与外部圆形结构形成对比，增加场所的方向感。最内的圆环沿着立面建造旋转坡道，贯通上下两层，构建整个建筑的中心空间。非匀质的空间通过取消多处立柱，营造出开阔的中庭空间，构建流畅的参观动线。

▼ 拓展阅读

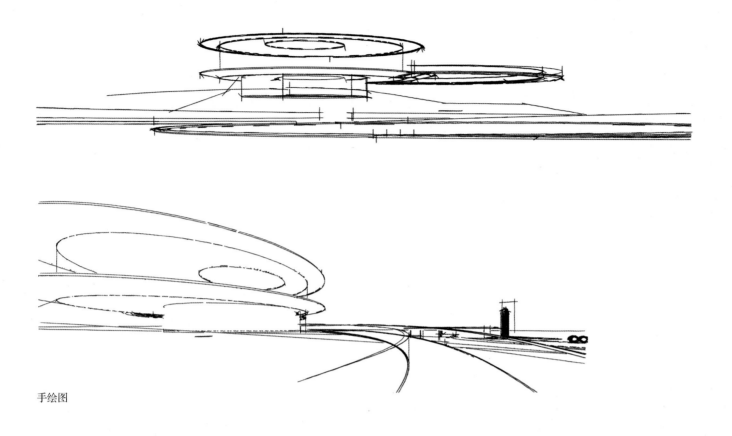

手绘图

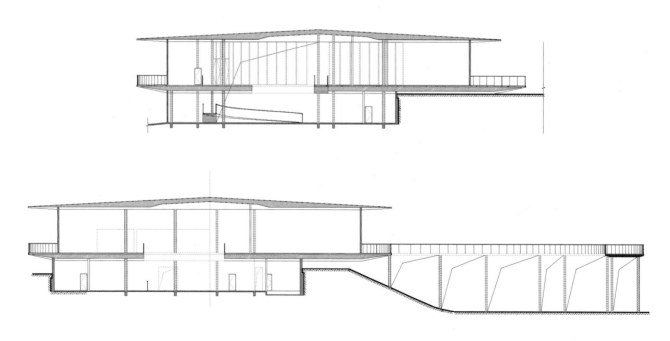

剖面图

一层平面图

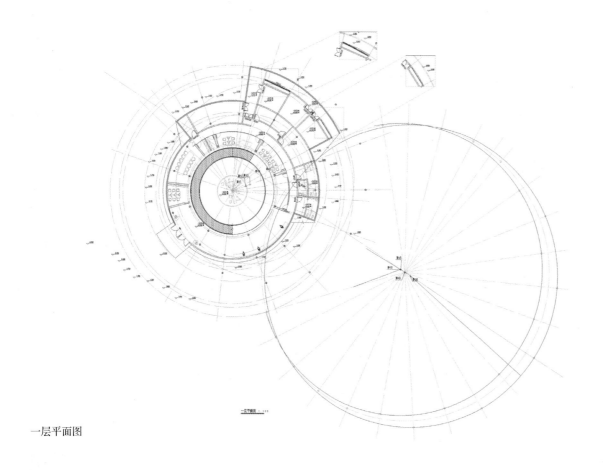

二层平面图

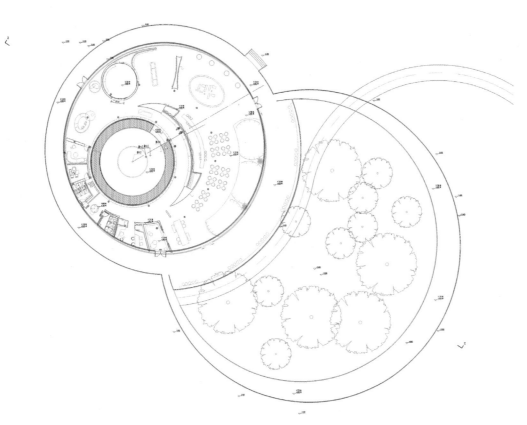

宝山再生能源利用中心概念展示馆

▶ **设计公司：** Kokaistudios 设计事务所

主创建筑师： 安德烈·德斯特凡尼斯（Andrea Destefanis）、菲利普·加比亚尼（Filippo Gabbiani）

项目地点： 上海

完成时间： 2020 年

场地面积： 3100 平方米

总建筑面积： 725 平方米

项目摄影： 张虔希（Terrence Zhang）

结构形式： 钢架结构

主要用材： 聚碳酸酯板、混凝土、不锈钢

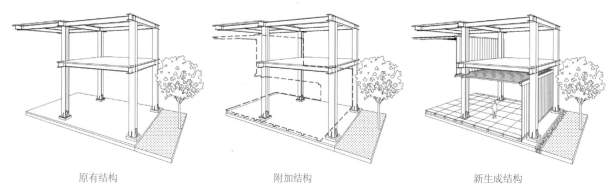

原有结构 　　　　　　　　　　附加结构 　　　　　　　　　　新生成结构

结构概念

　　宝山再生能源利用中心概念展示馆是宝武集团和上实集团联合开创的多功能空间项目的里程碑，它保留了宝武集团上海基地的工业遗产，同时也为其未来的功能拓展奠定了基础。该项目的主体是位于上海宝山罗泾的垃圾化能发电厂，其周围是由湿地、公园、博物馆和办公楼组成的多元景观。在园区整体施工之前，设计团队将基地中旧有的一座工厂建筑改造成了展览中心，帮这座曾以炼钢闻名的基地迈出了转型成前瞻性环保工业园区的第一步，改造后的建筑也成为该园区的标志性入口。

　　这个展览中心将用于展示模型、图纸和规划，拓展开发商、客户及潜在租户，同时，也将欢迎学生前来了解绿色能源战略，发挥重要的教育作用。该项目从最初规划开始就确定了设计的关键点，即在保留结构的约束条件下建立空间的灵活性。

　　项目的基地原是宝钢中厚板公司炼铁厂一号炉的所在地。由于仅作为临时建筑使用，业主不希望大规模改造既有的钢架，设计采用了一种轻量级的方法：在原始结构的框架中置入一个完全独立的聚碳酸酯材料外壳，不仅减少了与既有结构叠加造成的密闭性构造等技术问题，而且聚碳酸酯这种半透明材料与保留的除尘管道、通廊支架、锈蚀的胶带机、料斗的重工业形象也能形成互补。

　　由此产生的美感在历史与当代、不透明与透明、冷与热之间创造了一种清晰的关系和对话。此外，半透明的材料引入了充足的自然光，让游客对这一地标性项目有非常直观的印象。到了晚上，来自内部空间的光线则使建筑散发出迷人的光芒。

　　作为多元化项目的一个里程碑，在每个层次中构建灵活性是很重要的。就建筑本身而言，这是通过轻质材料和模块化预制设计实现的。设计方案除了可以实现快速建造、优化时间和成本之外，也为未来的重新利用、回收留出了可能性。

▼ 拓展阅读

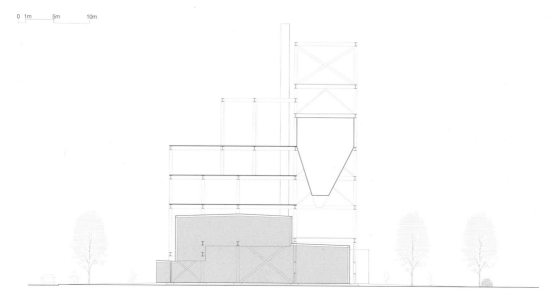

剖面图 1

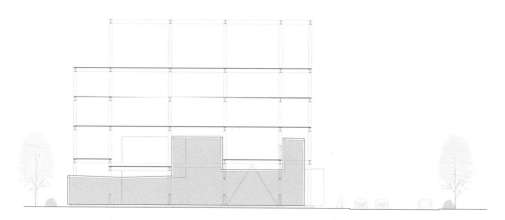

剖面图 2

工业建筑建造体系

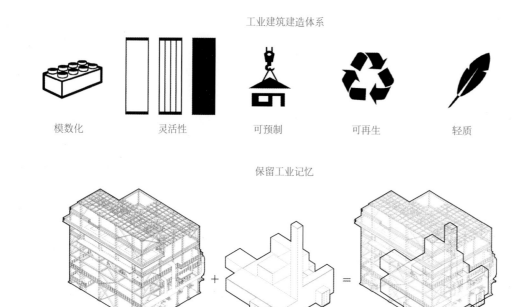

| 模数化 | 灵活性 | 可预制 | 可再生 | 轻质 |

保留工业记忆

保护概念

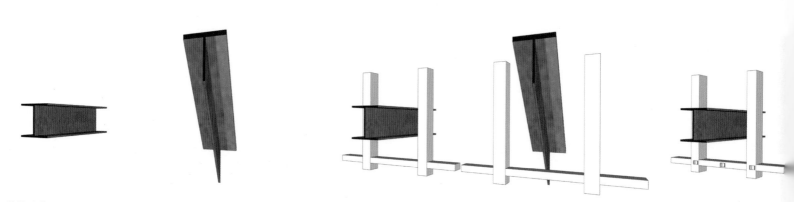

结构连接

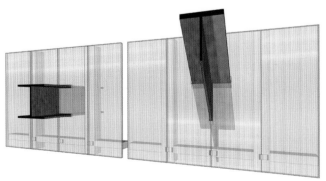

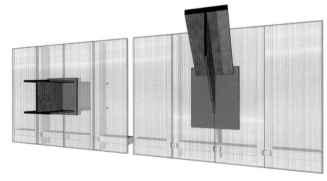

墙体剖面大样

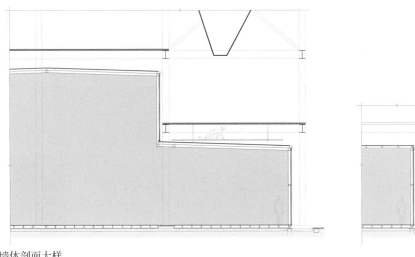

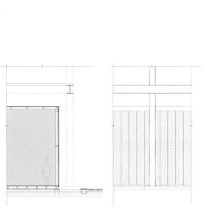

0 1m   5m   10m

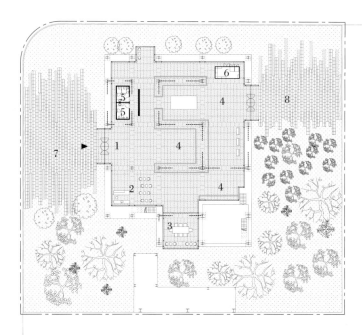

平面图

1 入口
2 水吧
3 会议室
4 展厅
5 卫生间
6 配电间
7 主广场
8 后院

西安沣东莱安社区中心

▶ **设计公司:** EID Arch 姜平工作室

主创建筑师: 姜平

合作设计: 四川洲宇建筑设计有限公司

项目地点: 陕西,西安

完成时间: 2020 年

场地面积: 5816 平方米

总建筑面积: 4500 平方米

项目摄影: 路径、一刻摄影、胡义杰

结构形式: 钢混结构

主要用材: 彩釉玻璃、玻璃纤维增强混凝土、不锈钢

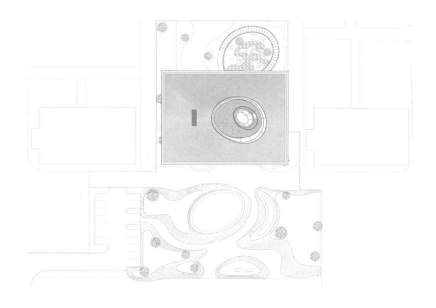

总平面图

该项目位于沣东新城的核心区域,在服务于社区的同时承载着催化、激活周边城市新区的作用,为沣东新城构建了一个重要的城市节点。

建筑坐落于城市中轴线林荫大道北侧社区的入口广场上,通过底层有机建筑形态的支撑,勾勒出进入社区的标志性"飘浮之门",作为公众进入社区的序章。同时,具有雕塑感的下部体量创造出通透的界面,一部倾斜的扶梯从下部直达抬升的二层空间,共同构建出入口的形式要素,在突出社区入口的同时,带来具有雕塑感和视觉冲击力的建筑意象,呈现出独特的社区建筑形态。

建筑功能兼具市民性和日常性,通过竖向连通贯穿地上和地下空间。下沉庭院融合了运动健身、早教、儿童学后兴趣班等社区日常生活的场所;地上二层涵盖社区服务中心、文化展陈、多功能厅等市民性空间;地面层则以自然起伏的地景形态的社区广场空间与富于雕塑感的建筑低区结合,形成一系列收放有致、富有层次的公共空间,与底部厚重的有机形体形成虚实对比。

建筑师以开放性和包容性为出发点,通过抬升地上空间营造建筑通透轻盈的"飘浮之门"。从全天候向市民开放的日常性场所过渡到社区性空间,延展了城市公共节点,并将更多的开放空间释放给公众。莱安社区中心将传统住宅区与城市空间的物理隔离转化为多孔渗透的城市界面,以开放、邀请、包容性的姿态界定了城市与社区的边界,也为社区生活与城市空间的融入、交互提供了更多触发点。该项目荣获了 2021 年美国建筑师协会纽约年度设计大奖。

▼ 拓展阅读

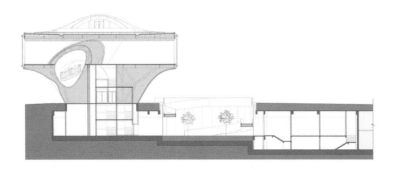

剖面图 1

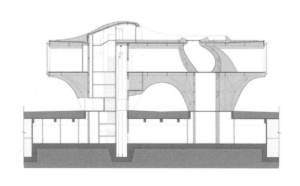

剖面图 2

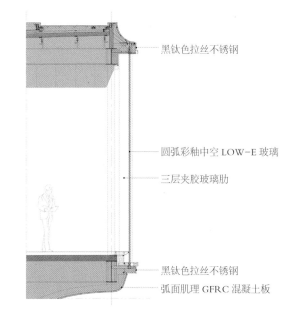

黑钛色拉丝不锈钢

圆弧彩釉中空 LOW-E 玻璃

三层夹胶玻璃肋

黑钛色拉丝不锈钢

弧面肌理 GFRC 混凝土板

外墙细节

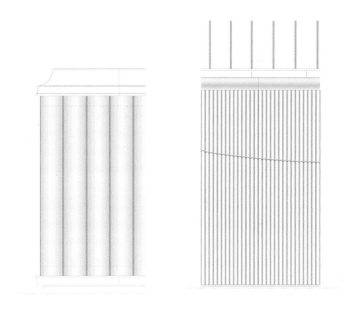

外墙细节

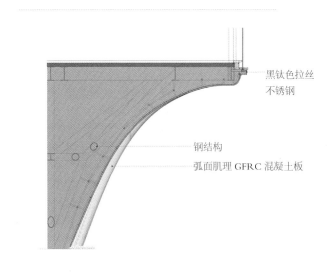

黑钛色拉丝
不锈钢

钢结构

弧面肌理 GFRC 混凝土板

外墙细节

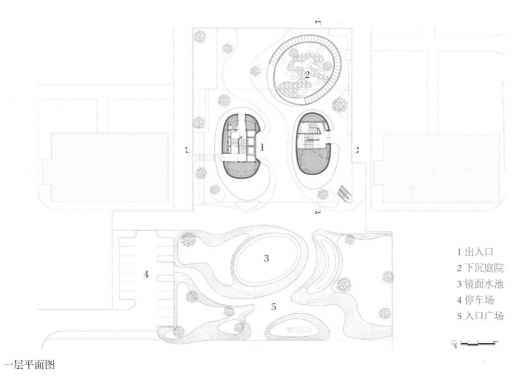

1 出入口
2 下沉庭院
3 镜面水池
4 停车场
5 入口广场

一层平面图

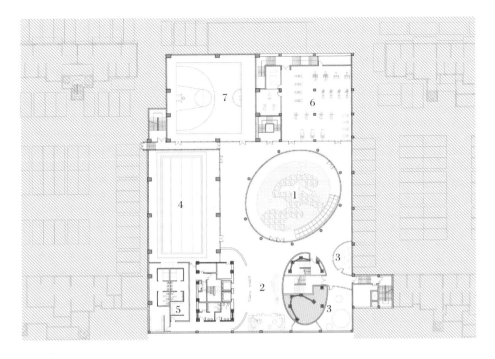

地下室平面图

1 下沉庭院　　　5 更衣室
2 休息室　　　　6 健身房
3 儿童早教中心　7 篮球场
4 游泳馆

安徽芜湖古城（一期）

▶ **设计公司：** 柏涛建筑设计（深圳）有限公司
主创建筑师： 侯其明
项目地点： 安徽，芜湖
完成时间： 2020 年
场地面积： 81 700 平方米
总建筑面积： 69 253 平方米
项目摄影： 张学涛

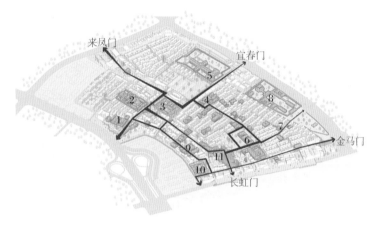

历史文化游览路线

1 太平大道建筑群 7 雅积楼
2 衙署   8 文庙
3 城隍庙   9 河鲀巷
4 肖家巷历史街区 10 能仁寺
5 模范监狱   11 花街—南门湾—南
6 小天朝   正街历史街区

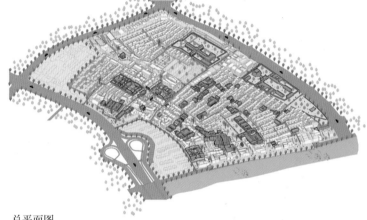

总平面图

芜湖古城位于长江与青弋江交汇处，芜湖城市中心镜湖区是衔接南北城区和东部新区的关键。规划范围东至环城东路，南至青弋江北岸，西至九华山中路，北至环城北路。

为充分保护好芜湖古建筑、古文化遗产，再现传统风貌，展示城市历史文化底蕴，提高城市品位，推动城市商业旅游经济发展，同时为申报国家历史文化名城和5A级旅游景区奠定基础，芜湖市委、市政府2005年正式启动"芜湖古城"的旧城改造保护更新工作，并围绕改善民生、打造文化精品、传承历史文脉的目标，以"政府主导规划、市场运行管理"的方式，着力开展古城的抢救保护和修复建设，努力重现古城的人文风貌和昔日繁华。

一期项目，位于芜湖古城西边，总体规划沿用古城现存的格局、路网以及遗存现状，强化"城"的概念，同时对衙署、城隍庙、文庙等典型元素进行挖掘。其设计灵感是通过保护原真性的历史文化资源，延续历史街道网络和肌理，以现代的规划理念、新式的建筑风格，融入传统的景观元素，营造舒适的城市环境。设计团队将商业、文化、庙宇、广场与历史街区及保护建筑糅合在一起，形成各具特色的文化区块，展现多元文化共存的芜湖特色。

▼ 拓展阅读

南正街
Nanzheng
Alley

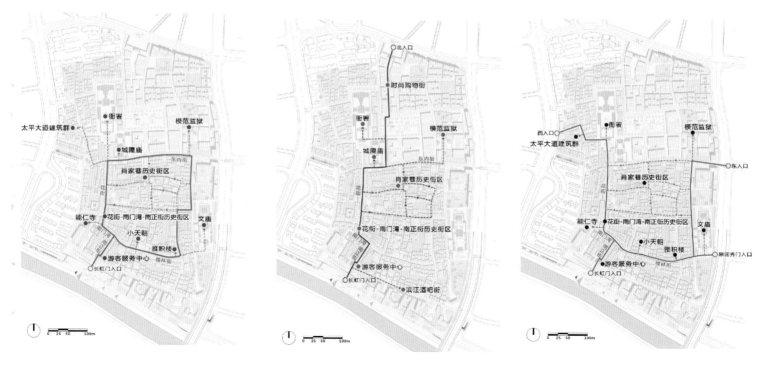

芜湖古城一期规划设计

▩ 历史建筑

▩ 建议保留建筑

▨ 保留建筑扩展范围

■ 主要历史街道

▩ 次要历史街道

河鲀巷一层平面图

河鲀巷二层平面图

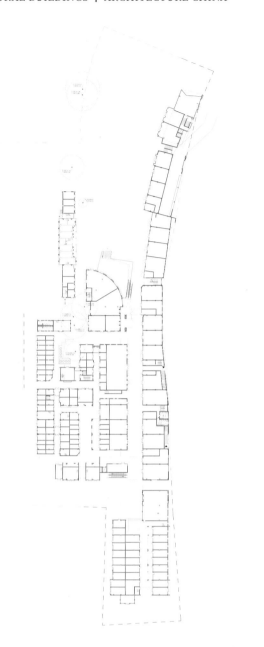

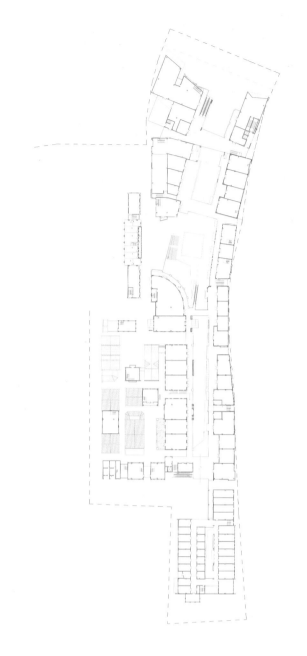

北大街一层平面图 北大街二层平面图

未来城展示馆

▶ **设计公司：** line+ 建筑事务所、gad
主持建筑师： 孟凡浩
项目地点： 浙江，温州
完成时间： 2020 年
场地面积： 5600 平方米
总建筑面积： 1450 平方米
项目摄影： 陈曦
结构形式： 钢结构
主要用材： 超白隐框玻璃幕墙、洞石幕墙

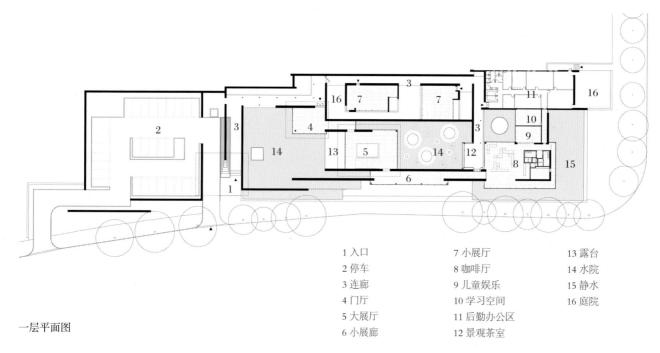

1 入口	7 小展厅	13 露台
2 停车	8 咖啡厅	14 水院
3 连廊	9 儿童娱乐	15 静水
4 门厅	10 学习空间	16 庭院
5 大展厅	11 后勤办公区	
6 小展廊	12 景观茶室	

一层平面图

未来城展示馆位于温州市鹿城区黄龙街道原黄龙商贸城旧址。在经济转型和城市更新中，历经 27 载的黄龙商贸城将被改建为集品质居住、商务办公、商业娱乐等为一体的未来社区，未来城展示馆是其中最先落成的公共文化空间。

设计由场地外的 10 棵香樟而起，故树木得以完整保留。设计师根据树列排布的位置，在缺口处确立了人行入口和车行入口，流线会合后，由片墙引导出隐蔽在香樟后的主入口。场地在水平方向上发展序列，并通过片墙的形式组织空间关系，构成三进水院、二进天井院，院落层层递进，原本单调乏味的线性空间由此变得丰富、立体。在片墙的引导下，路径设计尽量避免直线，以疏离目标、迂回接近为原则，形成自由随机的组织方式，使身在其中的人们有变化多样的感受和体验。

东南街角以具有高度可识别性的玻璃盒子界面与城市产生互动：浅色不锈钢肋与大面的超白隐框玻璃幕墙相结合，墙体由富有肌理感的天然石材以模数化的方式拼接而成；轻盈飘逸的玻璃体与韵律延展的片墙形成了鲜明的虚实对比，掩映在绿意盎然的香樟间。

未来城展示馆以庭院为主线，以墙体为骨架，依偎在 10 棵大香樟下，大隐于市，以谦而不逊、疏而不离的姿态化解消极的空间因素，建立起场地、空间与城市三者间的联系。未来，10 棵大香樟作为记忆符号持续生长，而展示馆也将在形式和内容上实现对场地和城市的艺术反哺。

▼ 拓展阅读

立面图

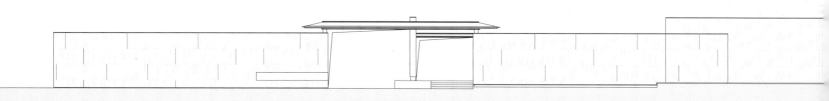

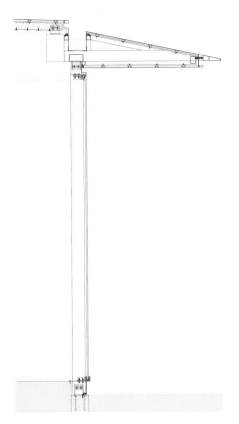

装饰铝型材

13mm 面砖

M6 面砖专用背栓

铝合金角码带微调齿

L50mm×5mm 镀锌角钢

60mm×60mm×4mm 镀锌钢方管

主体钢结构

35mm×35mm×4mm 镀锌钢垫片

2-L70mm×50mm×8mm 镀锌折弯钢板

2-M12mm×110mm 不锈钢螺栓

幕墙节点　　　　　　　　　　　石材墙头的构造做法

西安沣东文化中心
——望周暨 OCAT 西安馆

▶ **设计公司**：澳大利亚 IAPA 设计顾问有限公司
主创建筑师：彭勃
室内设计：于强室内设计师事务所
项目地点：陕西，西安
完成时间：2020 年
景观面积：10 200 平方米
总建筑面积：2875 平方米
项目摄影：谭啸、吕晓斌
结构形式：钢筋混凝土结构、钢结构
主要用材：白色意大利洞石、黑色石板、高通玻璃

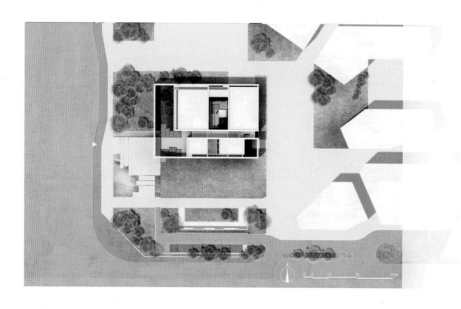

总平面图

西安沣东文化中心——望周暨 OCAT 西安馆位于陕西省西安市沣东新区。该项目周边配套资源丰富，如欢乐谷、诗经里、沣河湿地公园、昆明池，以及镐京遗址等众多景点，与其共同形成区域文旅组团。该项目不仅是一座承载周朝历史文化的建筑，也是一座展示当代艺术文化的建筑。

整体建筑布局方正，立面简洁，以一块坐落在草坡之上的历史碑石为概念，寓意对周朝历史文化的回望。建筑总共设置了 3 个入口，从西面走近建筑，拾级而上，缓缓向上的坡地庭院形成了建筑的主要入口。北侧为衔接商业内街，并服务于多功能厅的次入口。东侧入口则作为后勤出入口使用。空间通过 3 个自然庭院进行串联和组织，展厅空间与自然庭院空间相互渗透，模糊了室内外的空间关系，游人一边游走一边观景。空间与庭院互融，游人时而休息冥想，时而迎风仰望。

建筑保持沉默，让光影成为自身的表达。因此，该项目采用朴素的白色意大利洞石、黑色石板、高通玻璃等，凸显了建筑中的光源对空间形体的塑造。墙体不再仅仅是功能的分割界面，它的用途被重新创造。设计师以极简的设计手法，将简洁的立面设计成树、人，甚至建筑自身的承影面；大面积留白的墙面，给了自然光影一个充分表现的舞台。

室内空间的设计更加自由和开敞，既有利于展出不同类型和规格的展品，又能为观众带来别样的观展体验。

望周 OCAT 西安馆记载着周时的文化印迹，辉煌灿烂的文化被简洁的语言和线条所包裹，让建筑不仅是自身的时光印迹，更是文化的再一次溯源。

▼ 拓展阅读

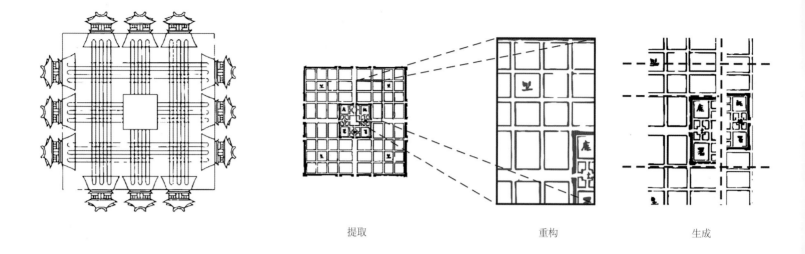

提取   重构   生成

概念演变图

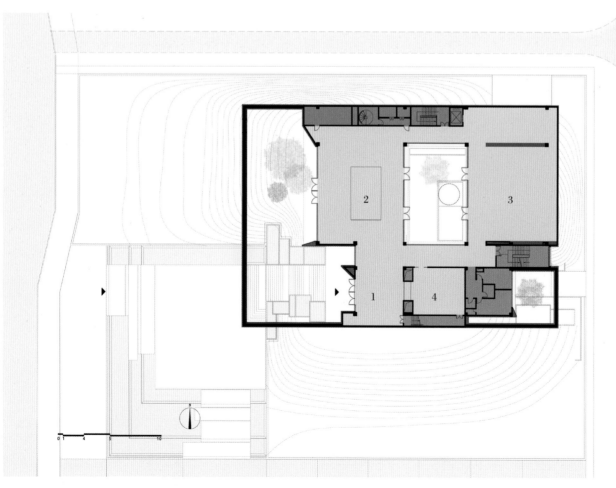

1 前台
2 展览区
3 休闲区
4 咖啡厅

首层平面图

1 前台
2 咖啡厅
3 卫生间
4 设备间
5 会议室

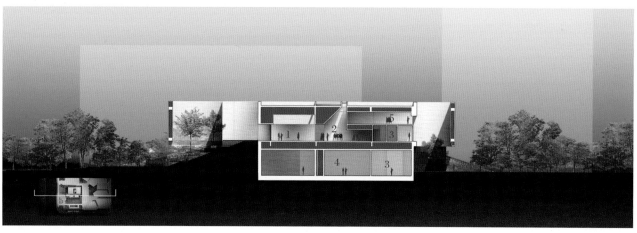

1 前台
2 咖啡厅
3 卫生间
4 设备间
5 会议室

空间剖面图 1

1 展览区
2 院落
3 休闲区

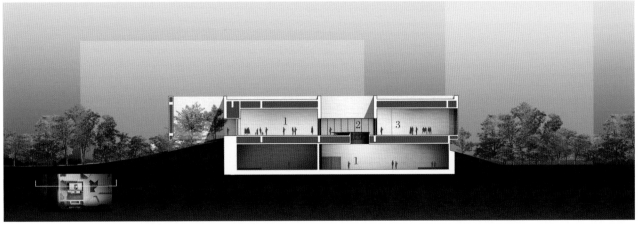

空间剖面图 2

大禹纪念馆

▶ **设计公司**：浙江大学建筑设计研究院有限公司、浙江大学平衡建筑研究中心
设计指导：何镜堂、吴中平
主创建筑师：董丹申、胡慧峰
项目地点：浙江，绍兴
完成时间：2020 年
场地面积：142 892 平方米
总建筑面积：27 913 平方米
项目摄影：赵强
结构形式：钢筋混凝土框架结构
主要用材：花岗岩、铜、金属瓦

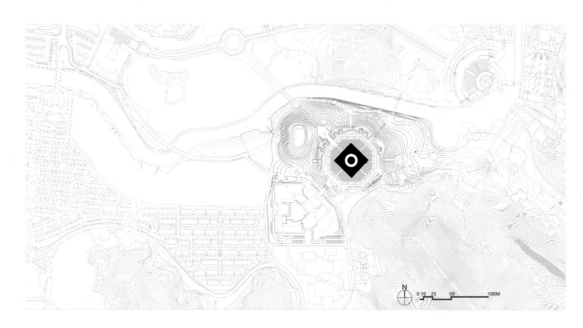

总平面图

大禹，中国第一个王朝——夏朝的开创者，远古洪荒时期呕心沥血 13 年率众抗洪的治水领袖。他为世代华夏子孙开创了地平天成、天地人和的和谐境界，奠定了以民为本、以人为先的民本精神。

大禹纪念馆是这位开国圣君的纪念重地，是大禹精神在当代传承的空间载体。设计师试图在更加广阔的场所中，通过外物的参照寻求建筑内在的线索、轴线的意义，既串联起历史与文脉，也限定建筑的朝向与布局。

而回归到建筑的形式追求上，无论参照现代建筑发展以来的"功能追随形式"，还是突破性的"形式追随功能"的理论，形式都是建筑的精神表达最重要的载体。设计师曾尝试让与大禹有关的元素，如九鼎或是治水器皿，具象化地与建筑形式产生关联，但最终呈现给大家的建筑形式，强调的是更加内敛与抽象的精神隐喻，从外部到内部，用更加"建筑化"、更高级的语汇演绎大禹从人到神的精神升华。

建筑优先尊重自然的秩序，在场地原有的基础上劈山理水，并通过地景的设计，重塑建筑与自然的关系，寻求建筑体量与自然风貌的和谐。

建筑同样遵循场地内人文历史的脉络秩序，通过方形这一完整形制去呼应圆形的祭坛与九龙坛，并统领群体关系，体现大禹的王者气质。

与周围礼教场所融聚，与周边自然环境融聚，通过跨越时空的光影演绎，获得平等和谐的共生智慧，正是大禹纪念馆的设计灵魂。

▼ 拓展阅读

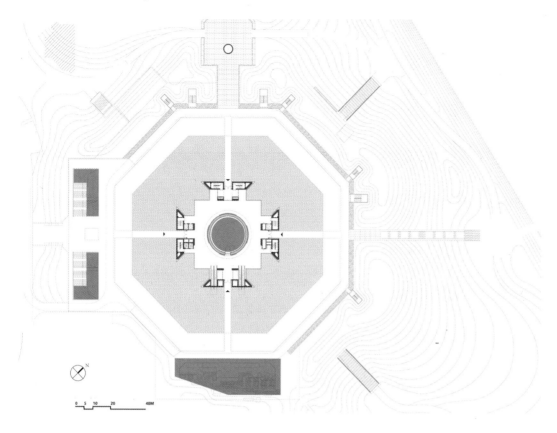

一层平面图

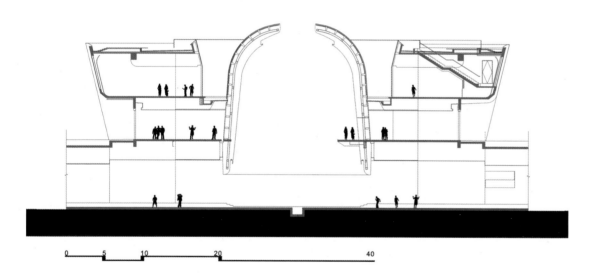

建筑剖面图

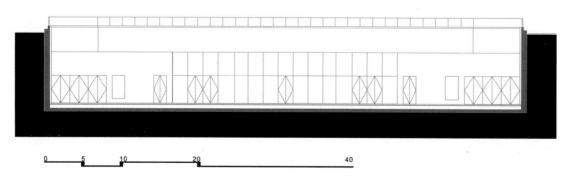

下沉庭院剖面图

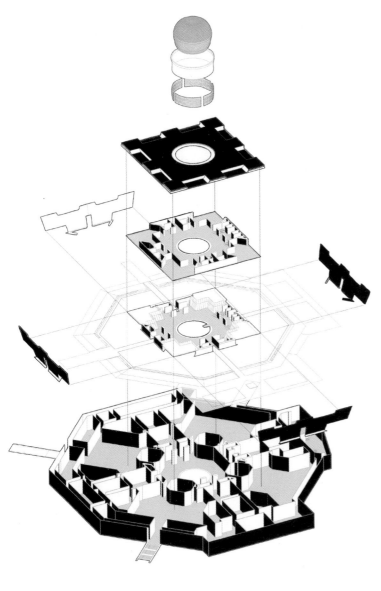

分层轴测图

祭禹广场

▶ **设计公司：** 浙江大学建筑设计研究院 ACRC

主创建筑师： 胡慧峰、彭荣斌、章晨帆、张子权、谢锡淡

项目地点： 浙江，绍兴

完成时间： 2020 年

场地面积： 48 716 平方米

总建筑面积： 3285 平方米

项目摄影： 赵强

结构形式： 钢筋混凝土框架结构

主要用材： 花岗岩、铜、金属瓦

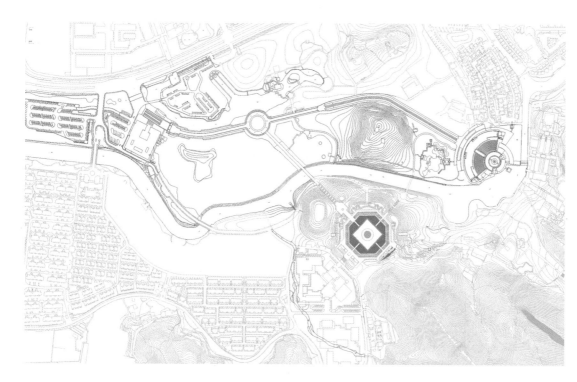

总平面图

大禹陵位于绍兴城东南方向的会稽山麓，背靠会稽山，前临禹池。祭禹大典自夏王启始历经 4000 多年，世代相传，延续至今，至 2007 年升格为国家级祭祀活动，并定于每年谷雨时节举行。

祭禹广场的目标是梳理整个景区的空间结构，完善景区功能，进而推动大禹祭祀文化的传颂。该项目在优化景区节点设计，提升整体游览体验的同时，对以祭祀为主题的祭禹广场为核心的多个建筑群进行了重点更新，使建筑群在传统历史底蕴与现代建造工艺之间找到平衡。祭禹广场改造提升工程采用当代的设计手法和建造思路，传达当下的时代精神，并回应优秀的传统文化，其深厚的魅力将在时光的洗练中不断沉淀。

设计要点包括：将神道后半段轴线南偏，使其与祭禹广场、山中享殿，以及山顶的大禹像保持中正的轴线对位关系，既增强了空间秩序，又恢复了"匠人营国"（匠人营造都城）时祭祀道路的统领性；景区主入口在保留原门阙的基础上重新整合了入口的棂星门和游客服务中心；中段九龙坛进行了空间拓升；后段祭禹馆西接神道，末端立"禹"字铜碑，馆顶均布着象征大禹功德的九鼎，馆呈环状，结合台阶状看台围合出扩容后的圆形祭禹广场，馆内设置祭祀活动时的接待休息用房及排练用房。

▼ 拓展阅读

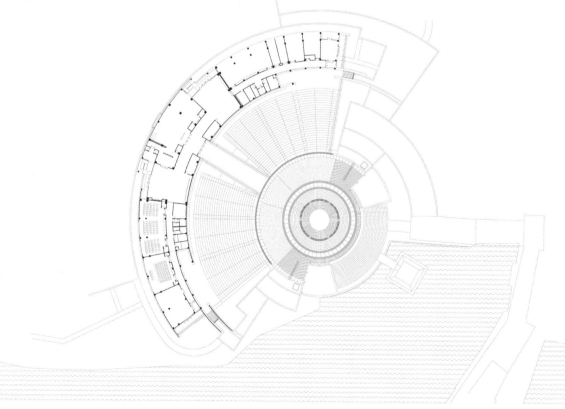

一层平面图

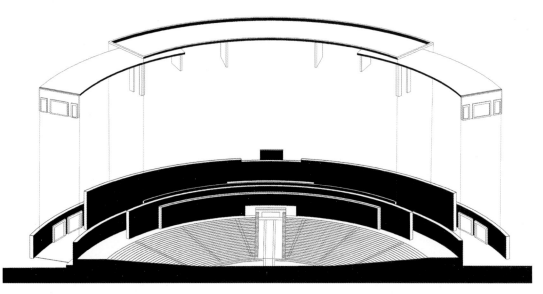

祭禹广场分解图

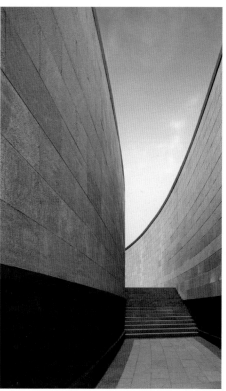

竹枝书院

▶ 设计公司：小隐建筑事务所
主创建筑师：潘友才、杨喆、陈仁振
项目地点：四川，宜宾
完成时间：2020 年
场地面积：4373 平方米
总建筑面积：533 平方米
项目摄影：存在建筑
主要用材：小青瓦、木材、白色钢圆管

1 禅修书院
2 竹艺展廊
3 乐坊书院
4 水田
5 竹林
6 道路
7 临时停车场

总平面图

竹枝书院位于四川省宜宾市长宁县竹海镇永江村，紧靠著名的蜀南竹海风景区，周围竹林、水田、菜地、山丘环绕，西侧、南侧淯江潺潺而过，北侧蜀南竹海延绵起伏，形成一幅层峦叠嶂的绿色巨幕。

川南地区有着浓郁的竹林村落传统人居文化，"一田一房一院"是其典型格局，房前屋后必有竹林相伴。牟巘五的《题水竹居》中的诗句"绕屋清波隔翠绡，鱼鳞发发鸟悠清。画阑影漾清涟动，书几阴来绿雨摇"几乎是项目整体建筑意境的真实写照。

竹枝书院由两座川南老宅重塑而成。两座建筑要将乐坊、书院、禅修三个功能安置妥当，根据三个功能的融合性，将书院分置两地。远离道路清幽静谧的一座保护较好，经过拆除改造，与禅修结合，形成相对静谧的禅修书院；紧临道路开敞嘈杂的一座破损严重，经过拆除新建，与乐坊结合形成相对开放的乐坊书院。两座书院之间用廊相连，营造"绕屋"之象的同时，增加户外多功能空间，赋予书院更多元的生命力。延绵起伏的小青瓦屋面也是"绕屋"意象的体现，还是与周围"爬满竹林的小山丘"的融合，亦是与当地民居"新旧共荣"的回应。芭蕉、竹丛、田间小路的重置融合，让竹枝书院这个新成员以"柔软的心"回归村子母亲的怀抱。

▼ 拓展阅读

1 禅茶区
2 听音区
3 闻香区
4 禅修、鉴墨区
5 素食区
6 卫生间
7 书院、咖啡厅
8 服务处
9 操作间
10 会议室
11 外摆区
12 竹艺展廊

一层平面图

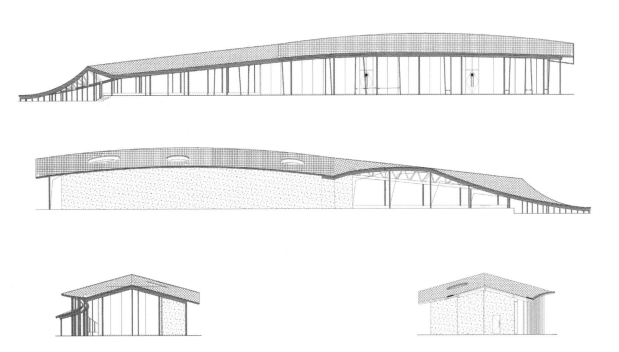

立面图

珠海博物馆和珠海规划展览馆

▶ **设计公司:** gmp 建筑师事务所
主创建筑师: 曼哈德·冯·格康 (Meinhard van Gerkan)、施特凡·胥茨 (Stephan Schütz)、尼可拉斯·博兰克 (Nicolas Pomränke)
合作设计: 中国建筑科学研究院
项目地点: 广东,珠海
完成时间: 2020 年
场地面积: 50 335 平方米
总建筑面积: 55 800 平方米
项目摄影: 清筑影像(CreatAR Images)
结构形式: 钢筋混凝土结构
主要用材: 石材、玻璃、金属

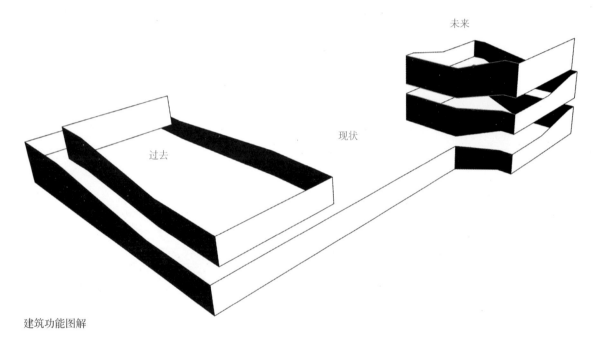

建筑功能图解

这座新建成的城市博物馆位于珠海海滨,背山临水,毗邻郁郁葱葱的城市绿地公园,与珠海大剧院隔海相望。两馆建筑,即博物馆和规划展览馆,与大剧院一起构成珠海市北侧的入口地标。

博物馆的设计基于矩形的基本几何造型,整体建筑由两块体量组成,一个竖直向上,一个水平延展,共同打造出极具雕塑感的外观。这种极富张力的二元性,既诠释了山脉与海岸之间的地理关系,又体现了博物馆的布展设置:在博物馆里,访客将在珠海的过去和未来之间自由游走。建筑师将这一二元性巧妙地融入统一的建筑构造。

访客从沿海道路经两馆连接处的门厅进入博物馆。南部面山的水平建筑分为 3 个展览层,展示珠江三角洲沿海地区悠久的城市发展历史。而城市规划展览馆共有 8 层,

展厅层叠排列,访客沿着螺旋上升的步道拾级而上,可进一步了解珠海的城市规划,参观流线的终点是容纳 30 米×40 米城市模型的展厅。内部的螺旋步道作为展览的一部分连接展厅各层,当然,访客也可从外部通过开阔的阶梯进入博物馆。

立面设计沿用了二元性的基本设计理念。浅色天然石材的实体横向墙面与玻璃、金属立面部分在光线的明暗逆转间形成强烈对比,并清晰地勾勒出城市规划展览馆的螺旋外观。可移动式遮阳系统由铜黄色铝材构件组成,印刻出优雅传统的中式纹理。夜幕降临,柔和的灯光点亮螺旋外观立面,弱化了石质水平墙面的厚重感,使建筑在夜色中更加剔透灵动。8 层的建筑立面采用全玻璃幕墙代替石质幕墙,在此,香洲湾的景致可以尽收眼底。

▼ 拓展阅读

总平面图

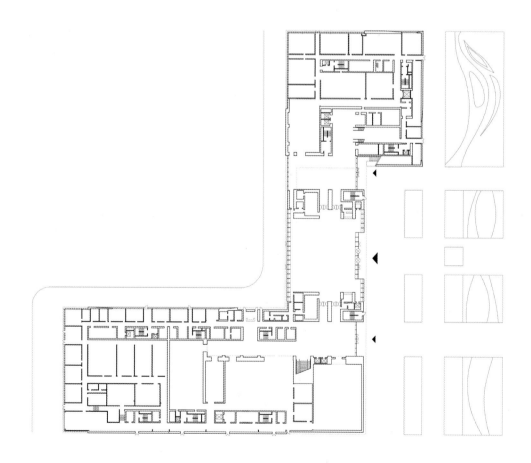

一层平面图

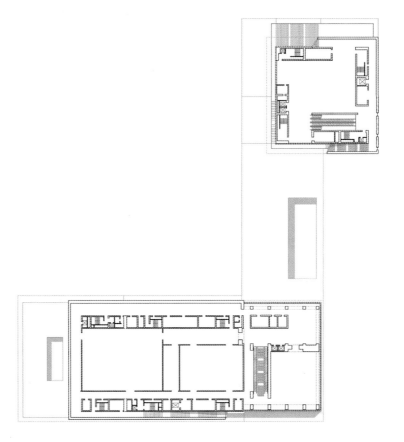

四层平面图

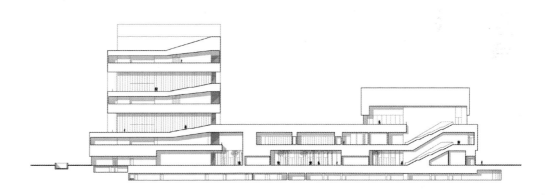

剖面图 1

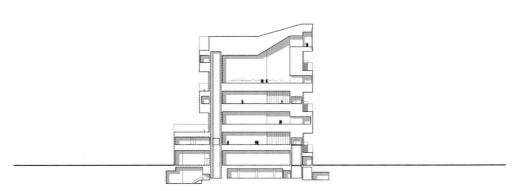

剖面图 2

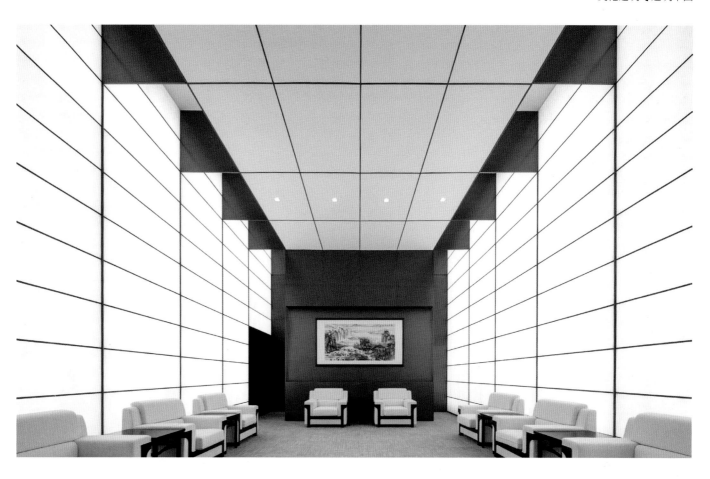

沂南图书档案馆

▶ **设计公司:** 中央美术学院建筑 7 工作室（朴械城市建筑设计工作室）
主创建筑师: 虞大鹏
设计团队: 孟丹、张凝瑞、赵桐、付玮玮、岳宏飞、李寰昊、张智乾、纪晓嵩、苏佳
合作设计: 山东同城建筑设计咨询有限公司
项目地点: 山东，沂南
完成时间: 2020 年
场地面积: 14 100 平方米
总建筑面积: 37 200 平方米
项目摄影: 金伟琦

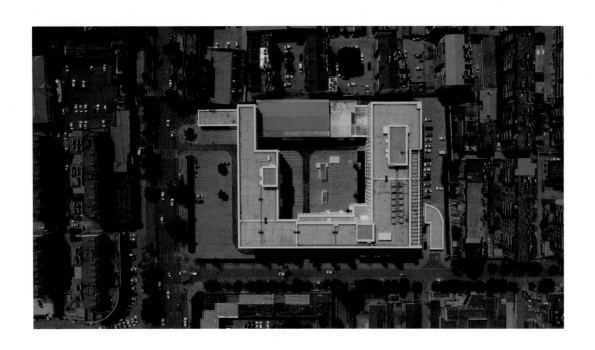

　　沂南图书档案馆是结合原有的会议中心建筑改造而成的，集图书馆、档案馆、方志馆、党史馆于一体的综合性文化办公建筑。基地位于沂南县县城中心，毗邻县政府，周边老旧小区、商场、学校、城市广场等多类型场所聚集，社会环境与自然环境较为复杂。结合项目本身的功能要求，"城市性"成为方案设计的核心出发点。在此理念的指导下，沂南图书档案馆各功能模块间紧密配合，融会贯通，为沂南县城提供了丰富的公共空间。

　　因基地中原招待所建筑与会议中心布局呈南向打开的U形，所以项目在此基础上形成庭院式布局。设计通过打造整体环状围合空间，在对外呈现整体性的建筑形象的同时，结合不同功能要求，对内形成合理的空间组团，以庭院与灰空间作为过渡衔接，形成错落有致、层次分明的空间体系和完整统一的建筑形态。此外，设计结合交通需求，在东南角位置设置入口空间，形成城市空间与庭院空间的有机联系，将城市公共空间引入建筑内部。

　　庭院起着对外联系城市空间、对内联系建筑空间的过渡作用，强调人与自然是和谐统一、不可分割的有机整体，沂南图书档案馆建筑与沂南县城的关系也正是如此。

　　沂南图书档案馆的设计旨在既为沂南人民提供一个充满活力的文化场所，又契合沂南的文化气质，弘扬沂南文化精神；既强调建筑内部的相互联系、融合，又能与城市外部空间有效衔接，由此打造一个为沂南人民服务的"城市会客厅"和沂南城市形象的"代言人"。

▼ 拓展阅读

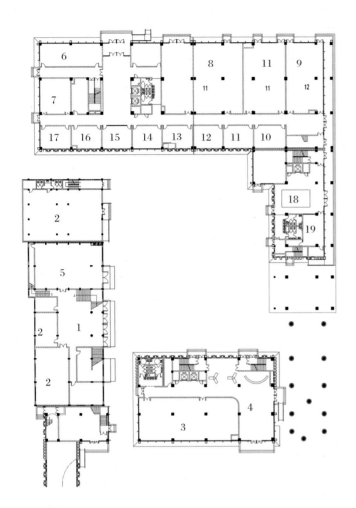

一层平面图

1 门厅
2 会议室
3 儿童阅览室
4 门厅兼展厅
5 大会议室
6 开放档案阅览区
7 报告厅
8 爱国主义教育基地
9 公共展厅
10 杂物间
11 现行文件阅览室
12 现行文件保管室
13 目录室
14 档案阅览室
15 查阅登记室
16 接待室
17 对外利用复印室
18 地情沙盘
19 红色教育音像播放厅

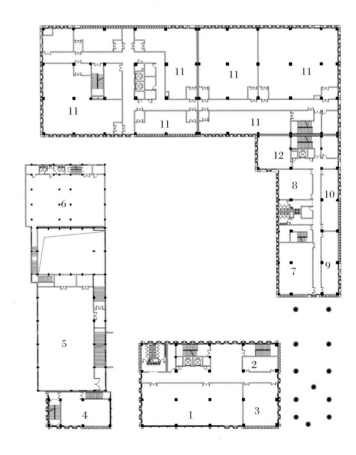

1 综合阅览室
2 咖啡厅
3 讲座厅
4 24 小时自助阅览区
5 报告厅
6 会议室
7 志书年鉴库
8 阅览室
9 地情资料中心
10 书画展厅
11 纸质档案库
12 家谱拓片展览区

二层平面图

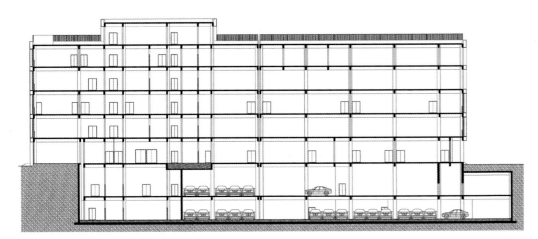

档案馆剖面图

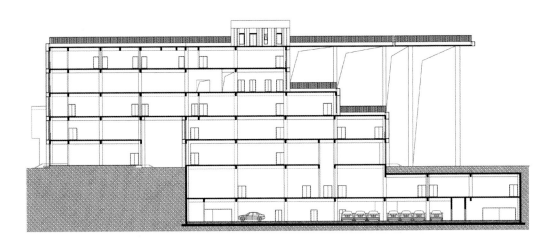

图书馆剖面图

X 美术馆

▶ **设计公司：** TEMP 建筑事务所
主创建筑师： 金智虎、谢骞逸
项目地点： 北京，朝阳
完成时间： 2020 年
场地面积： 2600 平方米
总建筑面积： 1700 平方米
项目摄影： 金伟琦

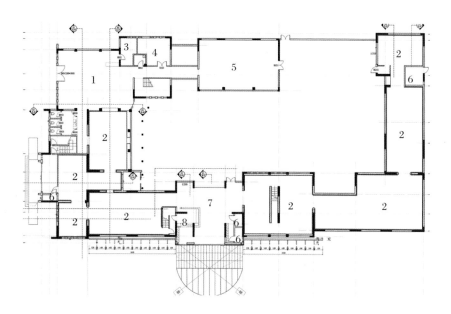

1 艺术品商店
2 展廊
3 储藏间
4 厨房
5 咖啡厅
6 机房
7 大堂
8 前台

一层平面图

X 美术馆旨在成为北京年轻一代的新文化场所。当代艺术正在这个信息爆炸且相互交织的时代中持续发展。面对各种不确定的因素，应当如何去塑造我们的文化空间？以"如何将艺术品悬挂在墙上"这一最基本的问题为出发点，建筑师重新思考了艺术空间的可能形态。

借助定制的赤陶砖构件，金属材质的夹子得以被置入墙壁的缝隙，使绘画、装置、投影仪，甚至白色墙壁都可以被悬挂在这个墙面系统上。这种做法使得 X 美术馆超越了寻常的白色方盒子空间，为观者带来一种全新的布置和展示艺术品的方式。

字母"X"被用作美术馆的主要标志，在入口处呈现为两根相交的 H 形结构柱，为宽阔的弧形屋顶提供了支撑。屋顶表面的穿孔能够过滤光线，在入口空间投下光影。由两条线组成的"X"图形还寓意着最基本的交互形式，与

美术馆在多学科方面的努力形成呼应：除了艺术家之外，X 美术馆还展示了来自建筑师、科学家、工程师、音乐家和设计师的作品。

美术馆的南立面覆盖着由 54 个灯箱构成的矩阵。这些突出的方形结构在灰泥墙面上投下整齐的阴影，并会根据太阳的位置发生角度和长度的变化。到了夜里，嵌入结构内的射灯将点亮外墙，创造全新的光影图案。同时，这些结构也可以用来悬挂巨幅海报或用于各类美术馆活动的宣传。

X 美术馆是一个鼓励创新和激发未知可能性的艺术空间，它的设计向人们展示并例证了一种新的当代美术馆范式。对于将北京作为活动中心的各个领域的创意人而言，X 美术馆成了一个独一无二且富有凝聚力的场所。

▼拓展阅读

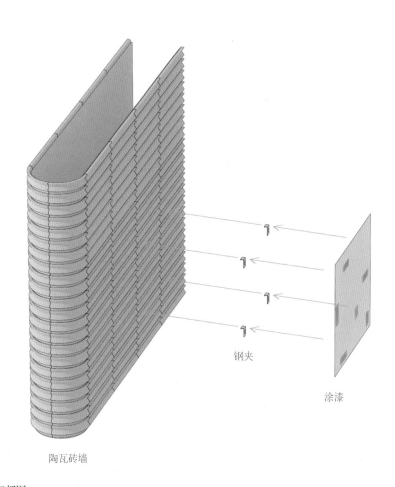

钢夹

涂漆

陶瓦砖墙

细部图 1

曲面陶瓦砖

直线陶瓦砖

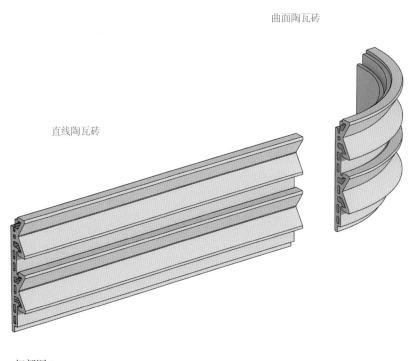

细部图 2

碧道之环

▶ **设计公司：** 同济大学建筑设计研究院（集团）有限公司
主创建筑师： 江立敏、张煜、罗溪
项目地点： 广东，深圳
完成时间： 2020 年
场地面积： 24 055 平方米
总建筑面积： 1497 平方米
项目摄影： 章鱼见筑、张学涛

概念草图

　　碧道之环——深圳茅洲河水文教育展示馆是茅洲河沿岸生态修复的重要节点，包含了水文教育、市民日常休闲等功能。基地置身于深圳宝安区北隅的一片悠然山水之间，茅洲河在此不经意地一弯，冲积出一片视野绝佳的开阔湿地。

　　建筑师在此采取了微改造策略。建筑顺应基地的轮廓，从城市一侧向河面"自然而然"地逐渐隆起，形成三角形"绿丘"。南面向水面打开，形成"透明"的观景界面，其覆土的建筑形式之下便是水文教育展示及市民休闲的空间。

　　以"消隐的无"回应自然，以"几何的有"创造存在。"有无"相生，寻求自然营造的微妙平衡，这是建筑师在面对"自然"时的深层考量。建筑在隐入自然的同时，再植入符号化、几何化的"存在"（一"环"一"球"），为场地注入标志性及永恒感。"环"是轻落球顶的环形观景平台；"球"是一个至多容纳 200 人的球幕展厅。

　　穿过入口通廊，建筑师以灰色混凝土质感的 UHPC（超高性能混凝土）塑造了一个圆形前院。这是一处朴素的"物质空间"：黑色镜面水池、灰色墙面、"悬浮"的白色圆环和旋梯，此外再无多余的色彩和装饰。顺着螺旋楼梯登上直径 30 米、最大悬挑达 10 米的钢结构白色圆环，视线可以沿着 360° 无遮挡的圆形视界毫无束缚地向外扩散、辐射。

　　展示馆内部 6 米通高的玻璃肋幕墙向水岸打开。建筑师在这里以前后两道玻璃幕墙塑造了双向"透明性"，与前序空间的"隔世感"形成鲜明对比，茅洲河湾的自然景色顺势"流淌"，并充盈整个内部空间。

　　碧道之环是一座水文教育展馆，也是一个景观和记忆的容器。人们通过新生的建筑得以追溯茅洲河过往的记忆，并获得独特的亲水场所体验。

▼ 拓展阅读

设计生成图

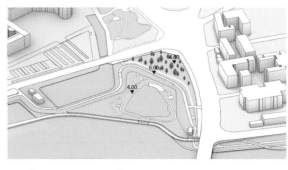

场地自然条件优越，绿化丰富。建筑位于堤坝内侧，堤坝与城市道路和沿河路存在 2 米高差

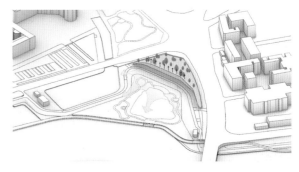

采用地景式建筑，最大化维持原有绿地。提升沿河侧标高，打开沿河立面，使建筑拥有开阔的视野

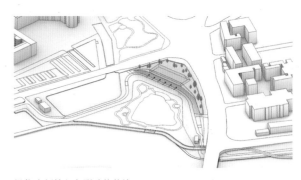

沿临水侧植入条形功能体块

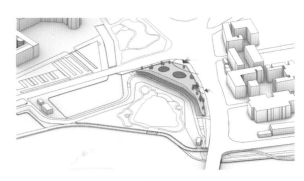

以圆形为母题，切割出主次入口，庭院与球幕所在位置

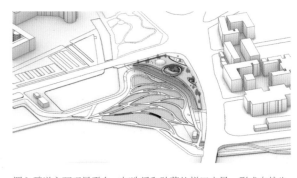

置入碧道之环观景平台，打造缓和跌落的梯田水景，形成自然生态的景观过渡区

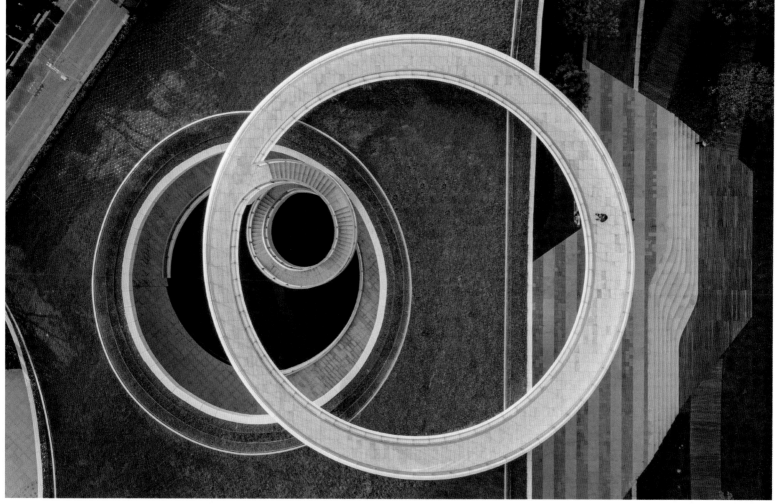

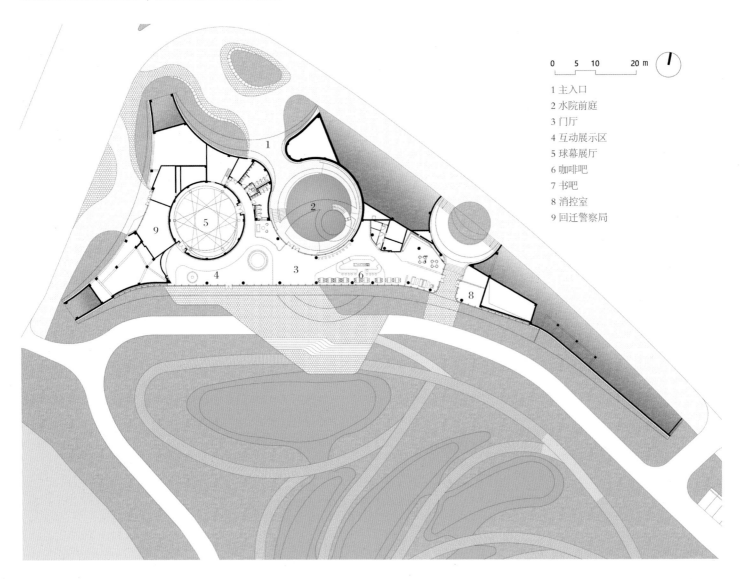

1 主入口
2 水院前庭
3 门厅
4 互动展示区
5 球幕展厅
6 咖啡吧
7 书吧
8 消控室
9 回迁警察局

一层平面图

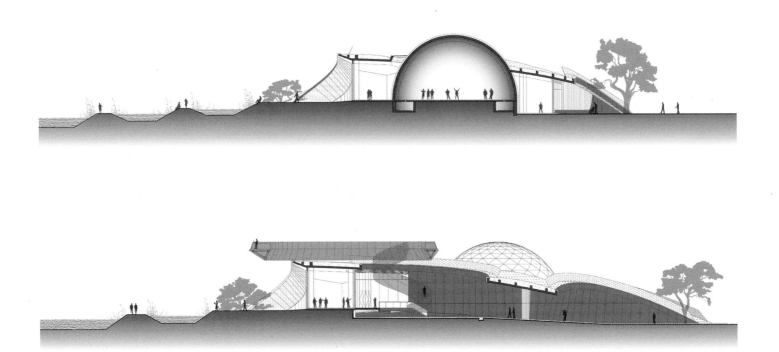

剖面图

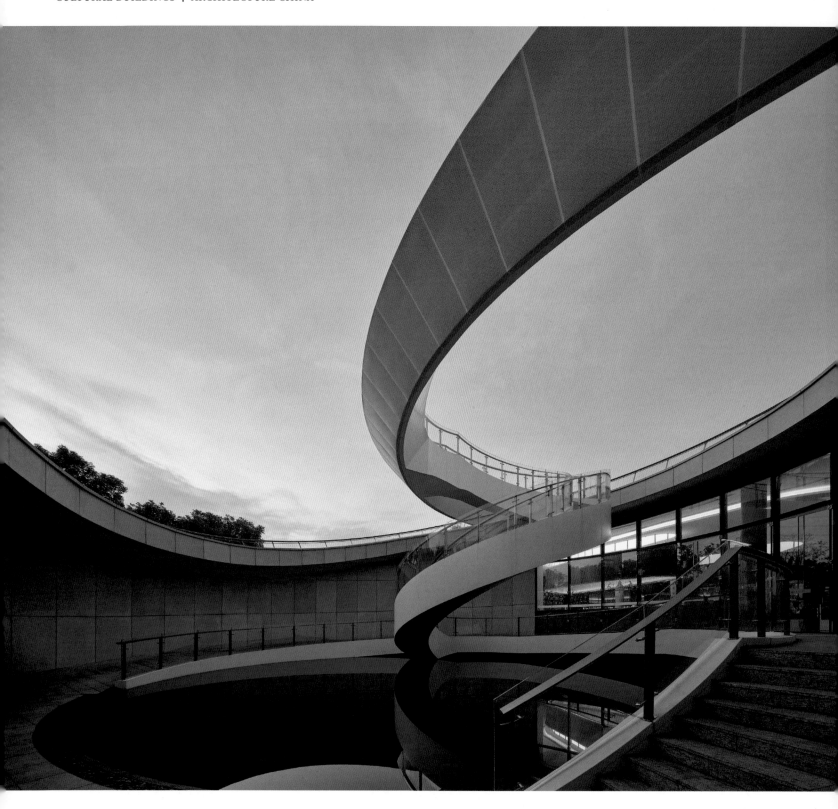

景德镇御窑博物馆

▶ **设计公司:** 朱锫建筑设计事务所
主创建筑师: 朱锫
合作设计: 清华大学建筑设计研究院有限公司
灯光顾问: 北京宁之境照明设计有限责任公司
幕墙顾问: 深圳市大地幕墙科技有限公司
声学顾问: 浙江大学建筑技术研究所
项目地点: 江西,景德镇
完成时间: 2020 年
总建筑面积: 10 370 平方米
项目摄影: 是然建筑摄影、田方方、张钦泉、朱锫建筑设计事务所
结构形式: 钢筋混凝土拱壳及砖拱

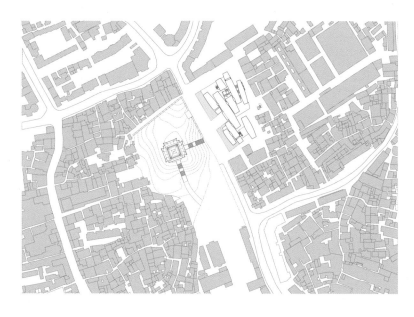

总平面图

御窑博物馆坐落在景德镇历史街区的中心,毗邻明清御窑遗址,是一座具有特殊意义的国家级博物馆。瓷都景德镇的御窑标示着中国数千年陶瓷文化的兴衰。博物馆分为地上一层和地下一层,主要功能区包括展馆、学术报告厅、户外剧场、小型多功能厅、书店、纪念品商店、茶室、咖啡厅、文物修复室、办公室、库房、装卸货平台等。

御窑博物馆的构思源于对景德镇特定的地域文化和当地人生存智慧的感悟。建筑由 8 个大小不一、体量各异的线状砖形结构精心错落排布而成。这些拱结构的原型抽象于有千年传统的景德镇柴窑,柴窑不仅是景德镇城市的起源,更是人们赖以生存的生活与交往空间。柴窑独特的东方拱券原型、窑砖的时间与温度的记忆,塑造出窑、瓷、人三者之间的"血缘关系"。整组建筑拱体长轴沿南北向布置,开放的空拱与封闭的拱间或布置,不仅可以遮阳避雨,还会使每一个拱体变成一个风的隧道,适应当地夏季南北的主导风向。与此同时,5 个大小不一的下沉垂直院落大多都种竹,不仅为地下空间营造了充满诗意和自然光线的环境,具有很强的江西意象,也塑造了烟囱效应,就像当地民居中的垂直院落一样,可以实现良好、自然的通风。整组建筑就似一个风、空气和阴影的装置,智慧地与大自然融合共生。

御窑博物馆既是一个主题博物馆(只有御窑瓷器在此展出),也是一个无边界博物馆,它可以借助信息技术,链接世界上各大博物馆所收藏的御窑瓷器,凸显中国陶瓷文化在人类文明史上的意义。御窑博物馆不仅深深根植于景德镇特定的自然、历史、文化环境土壤之中,而且给老城注入了新的活力以及国际影响力。它将与御窑厂遗址、散落在周边的传统民窑遗址以及传统民居、里弄的历史遗产一道,共同建构景德镇传统历史街区的复兴。

▼ 拓展阅读

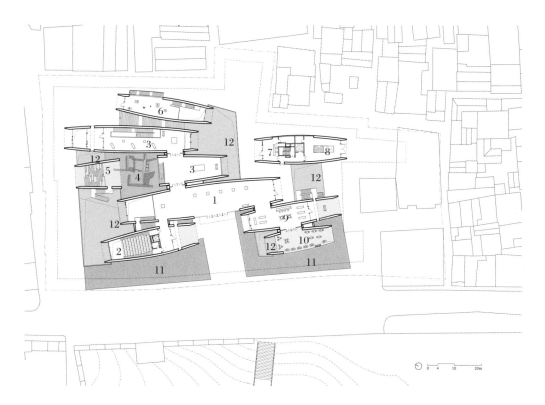

1 序厅　　　　　　　7 办公门厅
2 报告厅　　　　　　8 装卸货区
3 展厅　　　　　　　9 书店和咖啡厅
4 遗址　　　　　　　10 茶室
5 户外剧场　　　　　11 水池
6 交流展厅前厅　　　12 下沉庭院

首层平面图

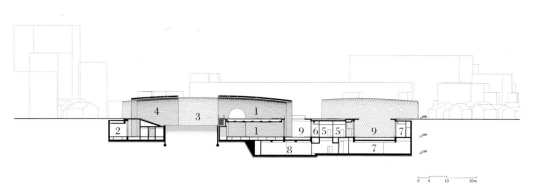

剖面图 1

1 展厅　　　　　　6 文物修复室
2 交流展厅　　　　7 库房
3 遗址　　　　　　8 空调机房
4 户外剧场　　　　9 下沉庭院
5 卫生间

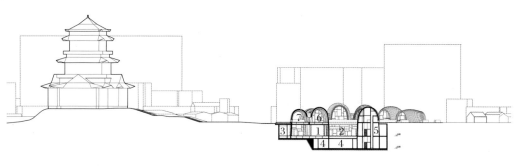

剖面图 2

1 展厅
2 下沉庭院
3 文物修复室
4 库房
5 设备用房
6 书店和咖啡厅
7 茶室

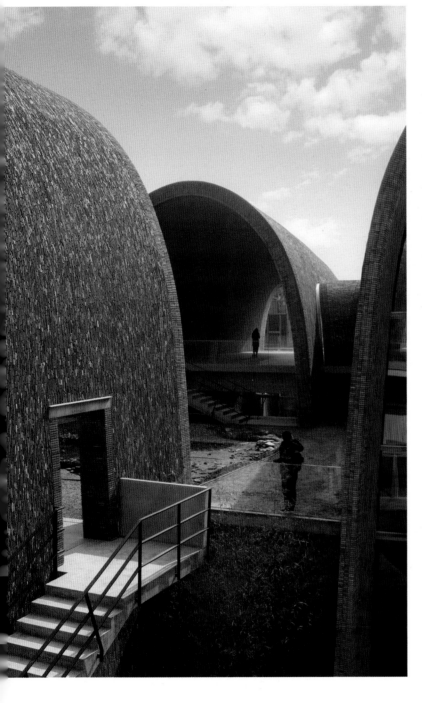

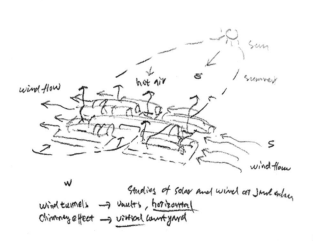

手绘草图 1

手绘草图 2

上海天文馆

▶ **设计公司：** Ennead 建筑设计事务所
主创建筑师： 托马斯·黄（Thomas J. Wong）
合作设计： 上海建筑设计研究院有限公司
项目地点： 上海
完成时间： 2021 年
总建筑面积： 38 000 平方米
项目摄影： 存在建筑、胡艺怀

总平面图

上海天文馆希望创造一个物理空间，让参观者能够清晰地了解更多的天文现象。正是这些现象让人类在地球上的存在成为可能，并帮助人们意识到：相较于其他星球，地球繁育生命的能力是多么妙不可言。在过去，许多种文明都曾经通过建筑来促成人类对宇宙的基本了解。然而，当人们日益沉迷于手机屏幕上种类繁多的应用程序时，我们逐渐将"地球绕太阳公转，月球绕地球公转"视为理所当然，对这些简单而基本的天文现象不再好奇。因此，天文馆的功能和使命应该是为人们提供一种能够激发好奇心、启迪探索欲的空间体验。

上海天文馆的基本设计理念是，基于活跃在星体周围的重要元素来塑造建筑，抽象地展现作为宇宙规则的天体物理学现象和规律。要创建这样一座超乎寻常的天文建筑，意味着需要构建一种基于星际现象、充满空间感和体验感的建筑语言。天文馆的设计灵感主要来源于一个基本的观点，即从大爆炸时代开始，整个宇宙就处于永动状态。从

数十亿年加速和扩张的星系到多个天体相互作用的复杂引力关系，天文馆的设计从天体运动的动态能量中汲取了诸多灵感。

其实，上海天文馆本身就是一种天文仪器，它与太阳在一天和四季中的运动路径相协调，塑造光影的同时也清晰地反映着地球的运动。天文馆的三大建筑元素：圆洞天窗、倒转穹顶和天象厅球体，能够让参观者直接观察天文现象，并通过对比例、形态以及光线的细致处理，提升人们对天体运行基本规律的理解。

建筑师希望人们在参观上海天文馆时能够心怀这样一个理念：人类所在之处，与那些近在眼前和远在天边的事物息息相关。面对来自宇宙的巨大威胁，建筑师希望人类能够同时认识到地球带给我们的巨大财富，并承担起爱护地球，以及爱护地球上所有生命的责任。

▼ 拓展阅读

一层平面图

Floor Plan Level1

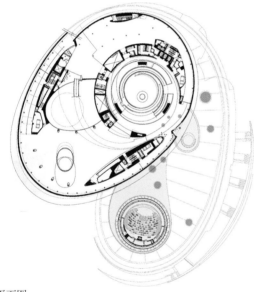

二层平面图

Floor Plan Level 2

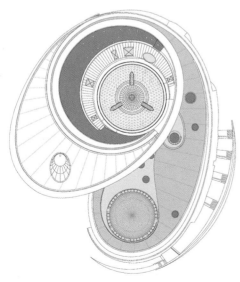

屋顶平面图

Roof Plan

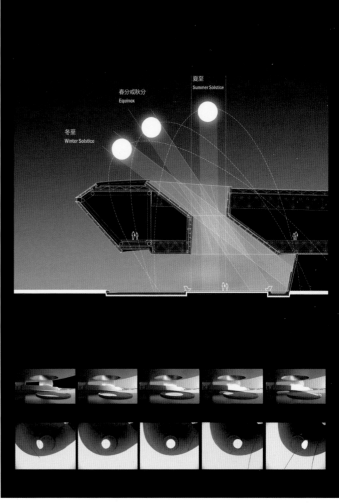

废墟书屋

▶ **设计公司：**一树建筑工作室
主创建筑师：陈曦
灯光顾问：广州迈璟灯光设计有限公司
项目地点：河南，焦作
完成时间：2020 年
总建筑面积：66 平方米
项目摄影：张超

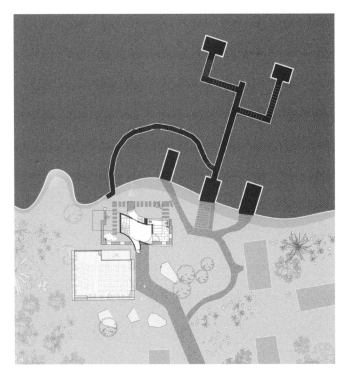

总平面图

建筑师原本受委托在河南修武县设计一个 300 平方米的文化建筑，然而考虑到 630 平方千米的县域面积和相距遥远的分散村落，建筑师提出将这个文化建筑单体分解成一系列微型建筑，可以服务于更多社区和人。"废墟书屋"就是这一系列微型建筑中的第二个，它坐落于孙窑老村的一处土坯房残垣中。

孙窑老村地处远离乡镇中心的山区，自 1996 年起，村民们陆续搬入砖混结构的新村房屋，于是老村中许多土坯旧屋和窑洞日渐荒废、颓圮下来。现今，场地周边起伏的远山、相邻处裸露的荒土崖壁，以及崖壁之上的广阔田野，展现出层次丰富的地形关系。

村民提出可否利用原有宅基地范围内一处土坯墙废墟进行建设，然而建筑师寻遍附近工匠，也找不到可以修筑原有夯土墙的工匠。于是，建筑师提出可否以新工艺方式在废墟中建造，让一个新生的构筑物从旧的废墟中长出来，

一方面连接起窑洞、荒山、残墙等带着厚重质感与时间痕迹的遗存，另一方面顺应场地的形势，成为从场地中生长出来的雕塑式空间。

这两方面线索彼此交叉，残墙上原先门洞的位置伸出一个混凝土体量的入口邀人进入，而进入建筑后，残墙的一角伸入室内，引导人们沿着残墙痕迹去探索后方窑洞与荒山崖壁。在后院混凝土墙壁上，旧式木门被沿用，持续提示着来访者新空间与旧物件之间的冲突与对话。

建筑的外形与内部空间随着地形的状态展开，屋顶以起伏的轮廓呼应着地形与远山，而起伏的地面与屋顶自然形成室外阶梯平台与滑梯。跃升过老屋的曲线剖面连接起首层入口、二层阳台与屋顶平台。室内空间可以兼作小型论坛放映室的阶梯图书馆。建筑起伏的平面及周边蜿蜒的路径则成为周遭迷宫般窑洞系统的延伸。

▼ 拓展阅读

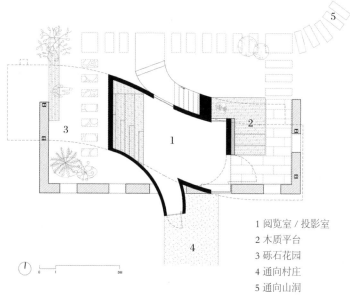

1 阅览室 / 投影室
2 木质平台
3 砾石花园
4 通向村庄
5 通向山洞

1 阅览室 / 投影室
2 茶室
3 露台

一层平面图

二层平面图

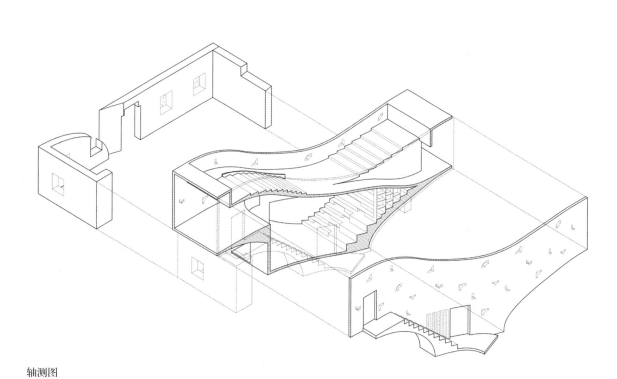

轴测图

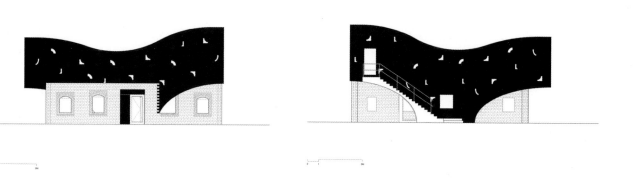

立面图

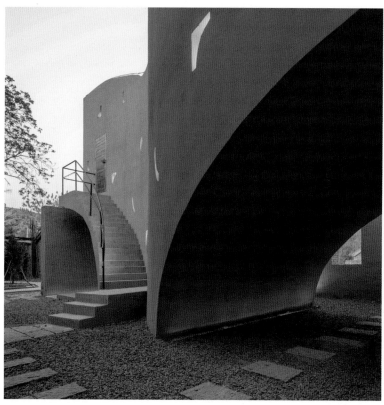

平和图书剧场

▶ **设计公司：** OPEN 建筑事务所

主创建筑师： 李虎、黄文菁

合作设计： 上海原构设计咨询有限公司

灯光顾问： 上海现代建筑装饰环境设计研究院有限公司

结构、机电顾问： 建研科技股份有限公司

幕墙顾问： 上海网音文化发展有限公司

剧场及声学顾问： 上海现代建筑装饰环境设计研究院有限公司

项目地点： 上海

完成时间： 2020 年

场地面积： 2312 平方米

总建筑面积： 5372 平方米

项目摄影： 雷坛坛（Jonathan Leijonhufvud）、吴清山、陈颢

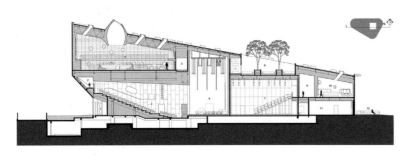

剖面图

平和图书剧场是上海青浦平和双语学校的核心建筑，包含一个大型图书馆、一个 500 座的专业剧场和一个 150 座的黑匣子剧场。图书剧场位于校园重要的一角，靠近一条城市主干道和一条古运河的交汇处，从远处就可以看到它醒目的蓝色和倾斜的屋顶。一个个有机形态的天窗、舷窗和圆洞组合成生动的表情，将这个 K12 学校的天真与童趣引入城市界面。

建筑师摒弃了近年流行的校园巨构建筑，将原有设计书中的功能拆解、重组，设计出几个由单体建筑组成的聚落。将图书馆和剧场放在一起，是因为建筑师认为广泛的阅读、思考和通过表演来表达都是早期教育的重要组成部分。一静一动，两种不同的空间气质和需求激发了独特的设计策略。

专业剧场和黑匣子剧场需要最少的自然光和最好的隔音效果，于是它们被放置在了建筑的下半部分和中心区域，而图书馆则占据了建筑的上半部分。建筑师充分利用剧场观众厅与台塔之间的高差，将图书馆的各个空间揳入其中，并将不同高度的空间用阶梯阅览室串联起来，组成环状的空间序列。

阅读是一种内向且私密的体验。建筑师为不同年龄段的学生创造了丰富而舒适的阅读空间，让每个人都能找到属于自己的角落。阶梯阅览室中还设有户外阅读区，下沉的屋顶花园可以让孩子们在室外享受新鲜空气。舞台表演的体验是外向且令人兴奋的，因此建筑师对空间做了更加戏剧化的处理。剧场的主入口是直接斜切建筑而形成的夸张开口，剧场中的暖色木板和深蓝墙面形成了强烈的视觉冲击，首层的咖啡厅还为家长们提供了阅读和交流的空间。

图书剧场是一个综合性的文化中心，建筑被特意放置在校园的次入口，可以在不影响学校管理的情况下单独向社区开放。

▼ 拓展阅读

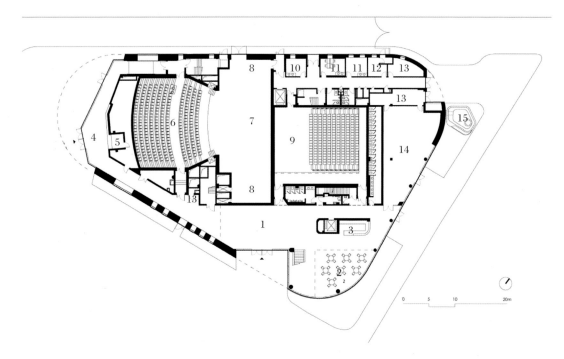

1 图书馆门厅   9 黑匣子剧场
2 咖啡厅   10 接待室
3 吧台   11 化妆间
4 剧场门厅   12 值班室
5 寄存处   13 储藏室
6 观众厅   14 社区超市
7 舞台   15 雨水池
8 侧舞台

一层平面图

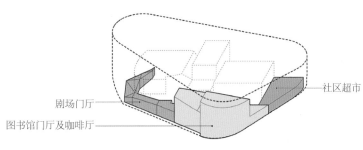

剧场门厅
图书馆门厅及咖啡厅
社区超市

门厅及辅助空间轴测图

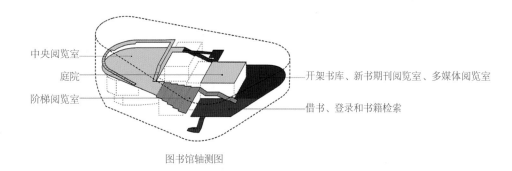

中央阅览室
庭院
阶梯阅览室
开架书库、新书期刊阅览室、多媒体阅览室
借书、登录和书籍检索

图书馆轴测图

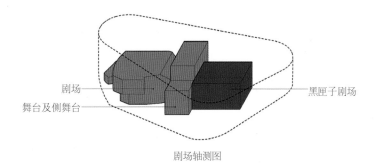

剧场
舞台及侧舞台
黑匣子剧场

剧场轴测图

轴测分析图

苏州图书馆星河平江分馆

▶ **设计公司：** 上海日清建筑设计有限公司

主创建筑师： 吴笛

施工图设计： 苏州城发建筑设计院有限公司

项目地点： 江苏，苏州

完成时间： 2020 年

场地面积： 6000 平方米

总建筑面积： 2370 平方米

项目摄影： 张虔希（Terrence Zhang）、陈宇宁、谭冰

结构形式： 预制钢框架结构

主要用材： 氟碳喷涂铝板、超白高透玻璃

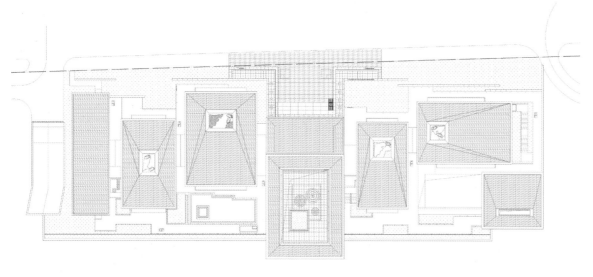

总平面图

城市公共空间应满足一定的社会生产及文化输出需求。图书馆的核心价值是知识信息的存储与共享，但是由于科技的发展进步，信息可以通过电子媒体和互联网快速且轻松地获得。如果查找信息不再是图书馆的主要作用，那么图书馆作为城市交互场所的社会价值便应得到强化。

苏州图书馆星河平江分馆位于平江板块的核心位置，周边浓厚的居住氛围及丰富的教育配套资源，使它的主要任务是为分享、交流和活动提供场所，成为社区的核心公共区域，也就是说，它必须是一个多元、灵活，且具备社会公益价值的、注重体验感的公共空间。

建筑首先要具有文化自觉性。项目距苏州古城仅 3.5 千米。作为城市活化石，古城透出深邃而又丰富的历史内涵，这是一种无法忽视的文化力量。图书馆的布局和构思直接地呼应古城巷、院、井、廊的环境肌理，建筑基底与院落巷道交织咬合，成为整体城市语境中的一部分。

分散的建筑围合成了一系列公共空间，这种小尺度的包裹感赋予了空间安全感，这是交往、停留的要素，同时唤醒了人们对苏州传统聚落空间的记忆。

项目是一个无立柱的连续空间，它跨越整个两层区域，并赋予顶部极具特色的轮廓。挑高的大厅和低矮的书架共同构成了一种富有魅力的空间秩序。低缓的夹层吊顶覆盖了阅读区，同时在夹层能一望到底。这种具有高度变化的"流动"空间，形成了多元的阅读景观，让人沉浸其中。

▼ 拓展阅读

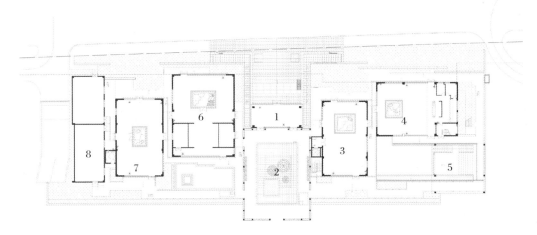

1 社区大堂
2 四水归堂
3 物业办公室
4 图书馆
5 四点半学堂
6 社区服务中心
7 养老用房
8 配电室

一层平面图

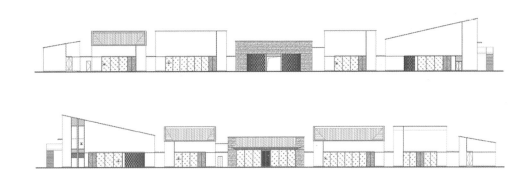

立面图

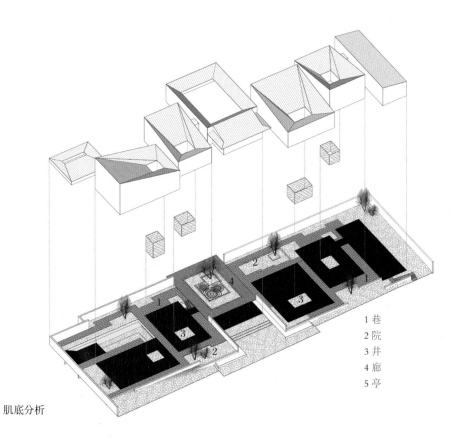

1 巷
2 院
3 井
4 廊
5 亭

肌底分析

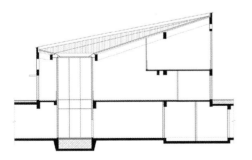
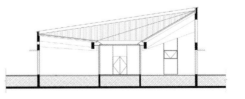

剖面图

章堰文化馆

▶ 设计公司：水平线设计
　　首席创意设计总监：琚宾
　　主持建筑师：周志敏、何斌
　　业主方：中建（上海）新型城镇化投资发展有限公司
　　项目地点：上海
　　完成时间：2020 年
　　总建筑面积：1064 平方米
　　项目摄影：苏圣亮 / 是然建筑摄影

总平面图

　　章堰村位于上海西郊的重固镇，是上海古文化发源地——福泉山文化的代表之一。经过历史变迁，章堰村空心化严重，现已不复以往的繁华，但村里依然伫立着很多清代和民国时期的老建筑。生存、生长、新生是建筑师对章堰村及中国现存同类村落的改造和复兴策略：不是推倒重建，不是修旧如旧，而是遵循历史的发展脉络，将当下的发展观念和功能需求置入其中，重新梳理布局、功能业态、新老关系等。

　　文化馆的基地很有代表性，其中包含原村史馆（清代建筑）、章家宅（清代建筑）及一部分空地。章家宅残破比较严重，但外墙风貌保存较好，因此建筑师对外墙进行了加固和保护，并在墙内建了一座新的展厅（展厅一）。该展厅沿用了章家宅"四水归堂"的建筑制式，并与外墙保持最少 30 厘米的距离，这是对历史的尊重与致敬。展厅一内部有窗户，建立起其与章家宅外墙的联系。

　　村史馆保存较完整，建筑师对内部的木承重结构做了加固和修缮处理，并将其作为展厅二。由于地面返潮严重，建筑师将地面材料改为阳极氧化铝板，与展厅一的地面一致，令空间产生延续感，且看起来更明亮和宽敞。老的墙面、屋面、内院都被保留了下来。

　　通过复原研究，村史馆北侧空地原为村史馆的二进院，现有基础遗存，建筑师在原有基础位置上新建了展厅三。展厅三的墙面、地面及天花板皆为阳极氧化铝材料。均质的金属材料带来了某种未来感，与展厅一的"当代"、展厅二的"传统"，构成了一种动态的体验。

　　出了展厅三便是基地北侧的空地。建筑师保留了空地上的大树及竹林，并新建了休息区和水景，供人们休息和讨论。新建的建筑皆采用白色清水混凝土材料，以呼应当地建筑外墙的纸筋灰。

▼ 拓展阅读

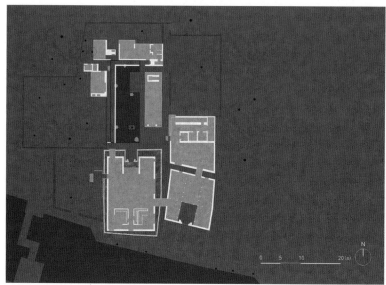

一层平面图

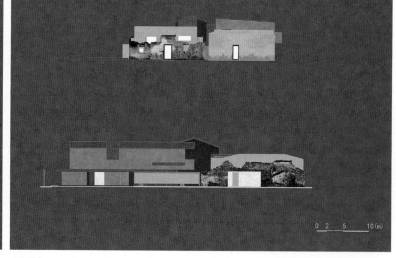

立面图

海口云洞图书馆

▶ **设计公司**：MAD 建筑事务所
主创建筑师：马岩松、党群、早野洋介
灯光顾问：北京宁之境照明设计有限责任公司
幕墙顾问：阿法建筑设计咨询（上海）有限公司
软装设计：北京玲和步尧空间设计
项目地点：海南，海口
完成时间：2021 年
场地面积：4397 平方米
总建筑面积：1380 平方米
项目摄影：清筑影像（CreatAR Images）

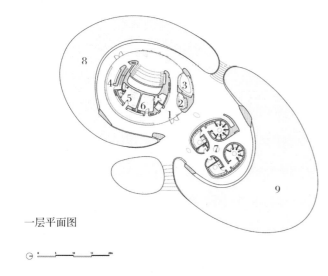

一层平面图

1 主入口
2 接待处
3 咖啡馆
4 阅读空间
5 办公室
6 多功能室、贵宾室
7 卫生间
8 沙池
9 倒影水池

　　海口云洞图书馆是大型国际公共艺术项目"海口·海边的驿站"中第一个落成的高标准"驿站"。项目地处海口湾畔的世纪公园，包含图书馆和市民活动配套。处于陆地与海洋之间的建筑雕塑感极强，洞形空间的层次和复杂性将空间一层层拉开，也提供给读者一个想象力的失重场。自由有机的形态塑造了多变的室内空间。

　　建筑里外的孔洞，像极了大自然中随处可见的"洞"，让建筑与自然的边界逐渐消隐。大小不一的孔洞将自然光线引入室内，同时也实现了自然通风，为处在常年炎热环境中的建筑"降温"。人们通过孔洞看天、望海，像是透过时空的隧道去重新观察身边本已熟悉的世界。建筑里不同氛围、不同尺度的设计细节与人的活动触碰，产生生活的仪式感。

　　贯通首层与二层的阶梯式阅读空间，还可用作举办文化交流活动的场地。在与主阅读空间隔离的儿童阅读区，天窗、孔洞、壁龛，激发了孩子们探索的欲望，可开启的玻璃天窗和超大弧形推拉门带来更好的采光、观海视野和通风效果。依建筑结构的形态而形成的多个半室外空间和平台，也是人们阅读和望海的绝佳空间。为适应当地炎热的气候条件，建筑外围的回廊灰空间采用悬挑设计，通过物理遮阳降低热辐射，实现建筑节能。

　　建筑师希望采取"反材料"的方式，避免有意表现结构，从而消解材料本身固有的文化意义，让空间感受本身成为主体。混凝土是液态材料，流动、柔软多变的结构形态即是它最大的特点。

　　建筑为室内外混凝土整体浇筑，一次成型。设计深化阶段全部基于数字化模型。屋面和楼板均采用形似"华夫饼"的双层中空肋板，既能满足大跨度、大悬挑的受力需求，又能利用结构中空铺设设备管线，填充建筑保温材料，实现简洁完整的室内空间，这也是建筑、结构、机电一体化设计的关键。

▼ 拓展阅读

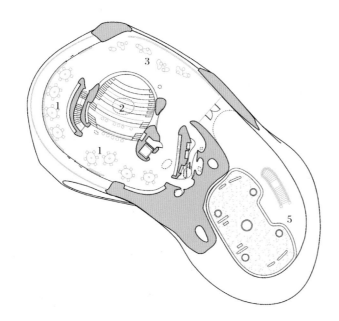

1 阅读空间
2 阶梯阅读空间
3 海景阅读空间
4 儿童阅读空间
5 屋顶花园

二层平面图

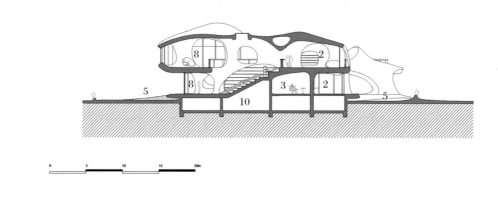

1 咖啡馆
2 阅读空间
3 多功能厅
4 洗手间
5 沙池
6 倒影水池
7 阶梯阅读区
8 海景阅读区
9 屋顶花园
10 设备管廊

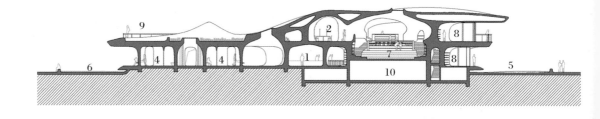

剖面图

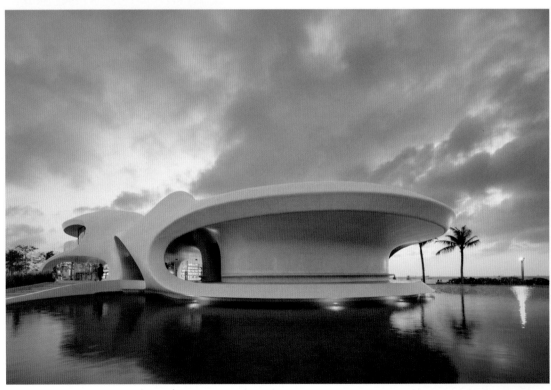

上海中粮南桥半岛文体中心
与医疗服务站

▶ **设计公司**：斯蒂文·霍尔建筑事务所（Steven Holl Architects）
主创建筑师：斯蒂文·霍尔（Steven Holl）
合作设计：华东建筑设计研究院有限公司
项目地点：上海
完成时间：2020 年
场地面积：7520 平方米
项目摄影：奥观建筑视觉

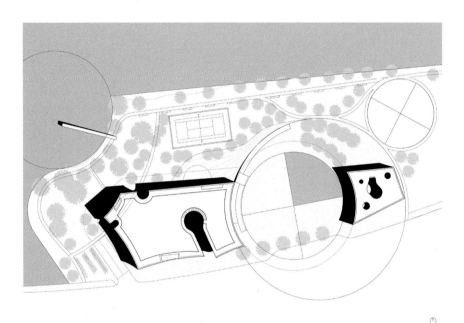

一层平面图

上海中粮南桥半岛文体中心与医疗服务站旨在成为"社会凝聚器"，与浦南运河一起围合出一个富有活力的开放性空间，吸引邻近社区的居民到此处休闲、参与文化活动，同时为居民提供健康服务。

项目规划包含大量的绿化空间，最大限度地利用自然光线与空气对流，并以开放的流线和社交空间为特色。景观及两栋公共建筑融合了"云与时间"的概念，此概念来自哲学家卡尔·波普尔（Karl Popper）1965 年的著名演讲。如时钟样式的圆形景观步道围合形成中央公共空间，如云状的建筑体开口向公众发出热情的邀请。

文化中心建筑采用灰白色多孔混凝土外墙，悬置于透明玻璃基座上。玻璃基座内设有咖啡馆、娱乐游戏室。弯曲坡道景观延续至二层空间，为公众提供登高俯瞰的体验。

由景观步道围合而成的医疗服务站同样采用灰白色多孔混凝土外墙，整体景观设计与云状建筑部分紧密相连。两栋建筑的屋顶均种植景天植物，于邻近住宅高层俯瞰时，建筑与景观融为一体，为城市保留了更多的绿色空间。

该项目的可持续策略主要包括增加绿化与开放空间，使用 30% 的可再生材料，使用集中供暖和制冷系统，进行二氧化碳监测，采用热存储及灰水、雨水采集与再利用措施，等等。

▼ 拓展阅读

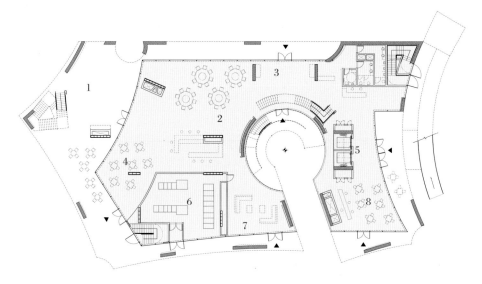

1 游戏区
2 小组活动区
3 展览区
4 桌游区
5 入口大厅
6 服务大厅
7 休息区
8 咖啡厅

文化中心一层平面图

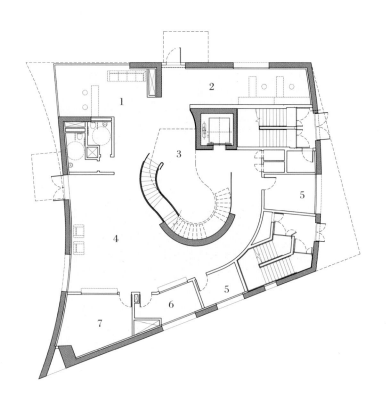

1 医疗室
2 问诊区
3 大堂
4 等候区
5 咨询室
6 药局
7 挂号处

医疗中心一层平面图

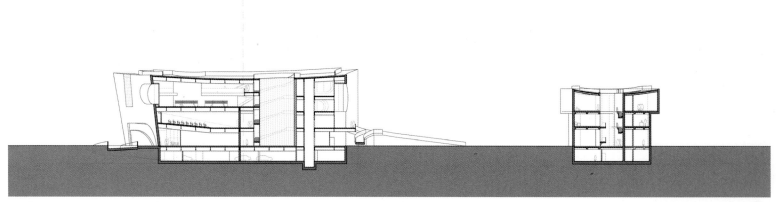

剖面图

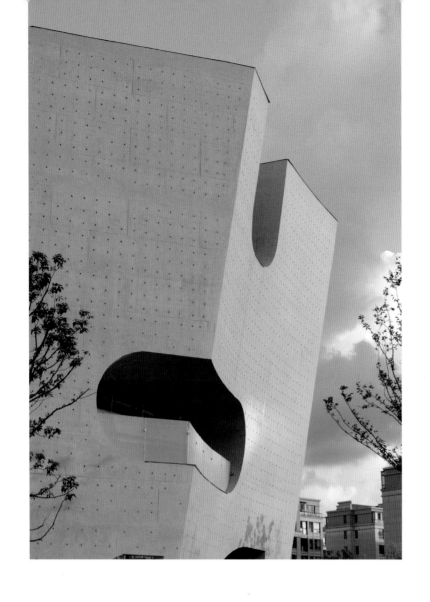

酒店建筑

山鬼

▶ 设计公司：杭州寻常设计事务所有限公司
　主创建筑师：林经锐
　项目地点：重庆
　完成时间：2020 年
　场地面积：1928 平方米
　总建筑面积：4300 平方米
　项目摄影：吴守珩、赵奕龙、盒子传媒
　主要用材：混凝土、钢、金属网、玻璃、外墙漆、大理石

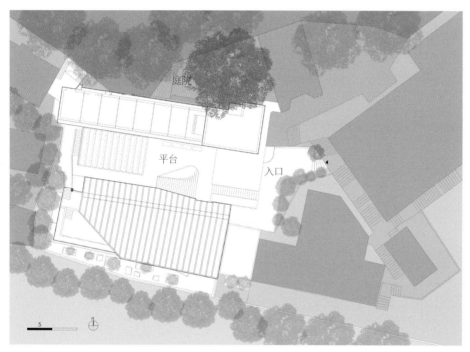

总平面图

　　酒店位于重庆市渝中区解放碑枇杷山印制一厂原址，两幢主体建筑顺应地势，一前一后，高低有序地坐落于坡地之上，直面壮美的长江。场地带有历史感的工业建筑与开阔的江景，经常会吸引游客来此拍照。这也提醒了设计师，可以将项目升级打造为适合年轻化人群的爱情主题的艺术美学空间。

　　如果把老楼比喻成待嫁的新娘，设计师的任务就是为之设计一件合宜的嫁衣。薄壳结构与金属幕墙构成的"裙摆"创造出集酒店接待、休憩与多功能厅于一体的一层开放服务空间。

　　厂房的青砖立面有较好的历史与美学价值，在保护性修复之余，仍然作为建筑立面使用。新建的部分如同画布，白净轻盈，与粗粝的老墙面及裸露的水泥梁柱相互对比、烘托。身处酒店，既能感知改造后的当代美学，也能回忆起老厂房作为工业遗存的历史美学。

　　"光"是一种不可或缺的设计素材，自然的抑或人工的，恰到好处的设计能让光影不只具有功能性，更能创造精神意境里的愉悦。例如，中庭水院的采光天井和礼堂的屋顶天窗，不仅补充了照明，细长有序的几何形态还勾勒出抽象的光影矩阵。

　　设计师将酒店定义为一个微型的山水城市：人们可以悠闲地游走于大堂和水院之间，当夜幕降临，华灯初上，在屋顶的无边泳池里一边畅游一边拥抱城市夜景，回到客房，可以不拉窗帘，枕着长江之景入眠。

▼ 拓展阅读

建筑分解图

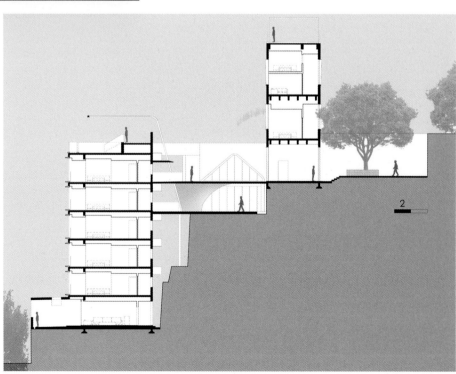

剖面图

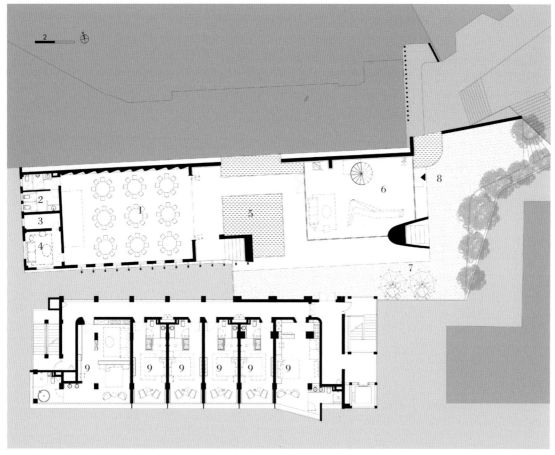

1 展廊
2 卫生间
3 储藏间
4 休息室
5 花园
6 大堂
7 平台
8 入口
9 客房

M 层平面图

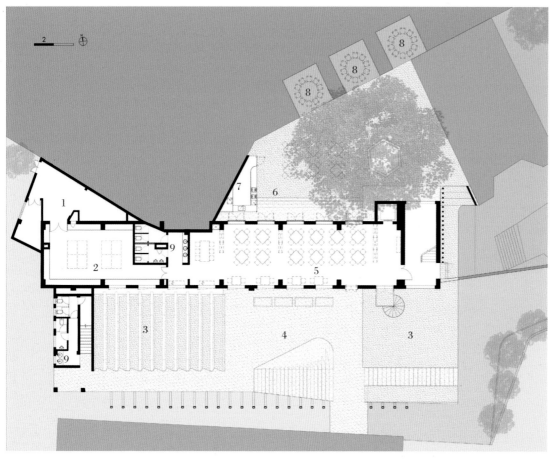

1 储藏间
2 厨房
3 屋顶
4 平台
5 餐厅
6 花园
7 酒吧
8 客房
9 卫生间

M+ 层平面图

上海东方美谷 JW 万豪酒店

▶ **设计公司：** Gensler 晋思建筑设计事务所
项目负责人： 李晓梅（Xiaomei Lee）、刘经彦（Jennifer Liu）
设计团队： 杰米·吉梅诺（Jaime Gimeno）、崔铮、王东昱、舒帆、林彦辰
合作设计： 华东建筑设计研究院有限公司
项目地点： 上海
完成时间： 2021 年
场地面积： 39 890 平方米
总建筑面积： 66 090 平方米
项目摄影： Blackstation

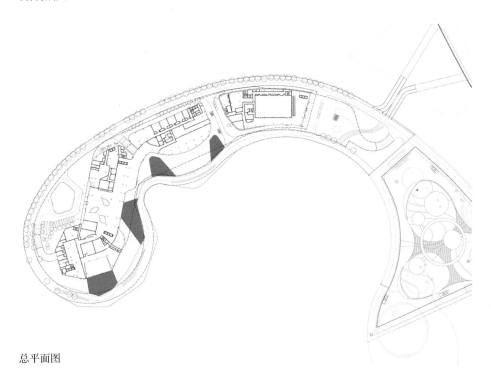

总平面图

　　上海东方美谷 JW 万豪酒店坐落于奉贤新城上海之鱼湖中人工岛上，由东、西两座主楼组成，拥有 265 间客房、4 家餐厅及酒廊、1 个水疗中心、1 个健身中心等配套设施，以及 1 个大型的会议中心。

　　设计团队充分利用湖水景观以及周边的自然、人文资源，旨在打造基于用户体验、引领未来趋势的酒店建筑。酒店的整体造型由顶部的两条蜿蜒的曲线及底部的三个几何体形成有机的组合，既规避了狭长的地块带来的设计局限性，又打造了柔和的、动感的建筑造型，让建筑和谐地融入周边自然环境，但建筑的视觉冲击力又使之成为整个区域的标志。

　　建筑设计摒弃了传统酒店双廊客房的设计模式，打破了单一而狭长的建筑体量，采用单廊客房与双廊客房相结合的平面布局，确保所有客房均享有湖水景观，并形成内部围合庭院空间，充分利用弹性设计策略，将自然光线以及户外空气引入首层公共区域。

　　为打造最优的用户体验，设计团队在项目的规划中认真处理各功能之间的关系，实现人车分流、动静分离的规划策略。瞬时客流相对较大的会议中心被设置在项目的入口处，而酒店大堂则被布置在隐私性较强的内部区域，为酒店住客提供安静的入住体验。交通流线布局实现了完全的人车分离，车行动线布局在项目的北面，南部空间则为精心规划的步行系统。整体规划将外部水景引入项目，形成内外呼应的一体化水系景观，为用户打造不同层次的亲水开放空间。

▼ 拓展阅读

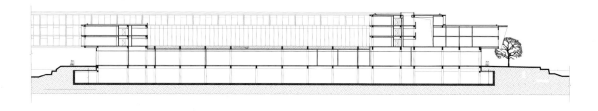

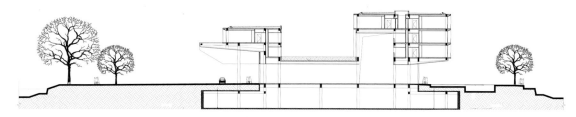

剖面图

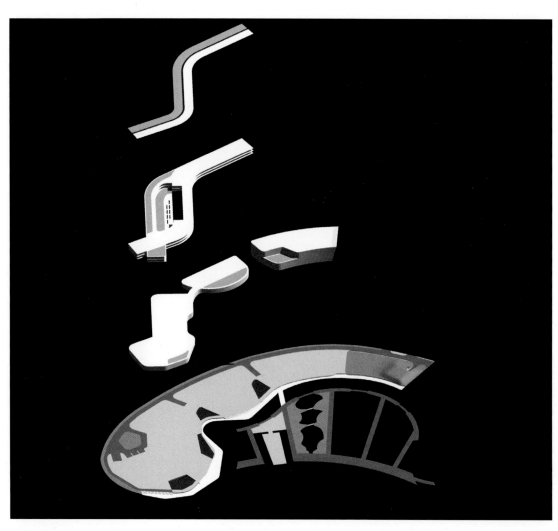

概念分析图

泰安东西门村活化更新

▶ **设计公司**：line+ 建筑事务所、gad
主持建筑师：孟凡浩
软装陈设：杨钧设计事务所
项目地点：山东，泰安
完成时间：2020 年
场地面积：7060 平方米
总建筑面积：3023 平方米
项目摄影：章鱼见筑、金啸文

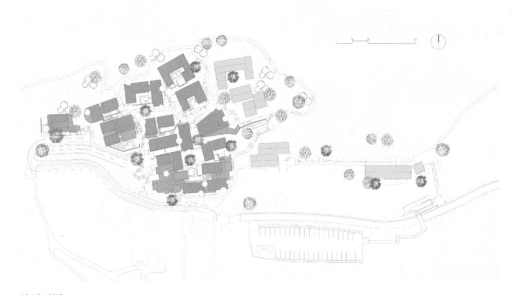

总平面图

东西门村隶属于山东省泰安市，位于泰山余脉九女峰脚下，是省级贫困村。在乡村振兴的背景下，业主期望通过建筑设计，依托山奢酒店来激活这个空心村。十二座破败的石屋，一些残存的石头墙，几座曾经被用作猪圈的生产用房，便构成了村落改造的初始条件。设计以存量建筑的空间激活和原有环境的生态修复为切入点，以"针灸式修复"为活化更新策略，在尊重原有村落肌理、山野环境和保持宅基地边界不变的情况下，由点及面，由局部到整体，实现旧村落的新生。

设计团队仔细地梳理了十二个毛石房和场地关系，并测绘了现场留存的石屋和石墙，标注并保留质量较好的部分作为锚固新建筑的重要依据。改造设计围绕原宅基地内的石墙和树木展开，使原毛石墙由承重结构转化为围护结构，重点体现其材质表征。毛石墙与内侧砌块墙体间依次加入保温层、防水层、保护层，以提高新建筑的热工性能。

新建筑以钢框架的形式植入旧的毛石墙，梁和柱均采用 200 毫米 ×200 毫米的工字钢，檩条则采用 100 毫米 ×14 毫米的工字钢，主体的框架采用刚接，檩条与主体框架采用搭接。这种框架体系可以根据不同的宅基地，灵活地适应"一"字形、L 形、U 形等布局。

钢结构框架主体、毛石墙体与玻璃的围护界面，结合木饰面和木格栅，产生了丰富的建筑表现：轻和重，虚与实，封闭与开放。设计将最简单的工业材料，以灵活的构成原则形成原型框架，再结合场地丰富的原始痕迹，最终由十二个和而不同的院落组合成酒店群，进而呈现坡地聚落式的山奢酒店。

▼拓展阅读

户型分析及保留的毛石墙标记

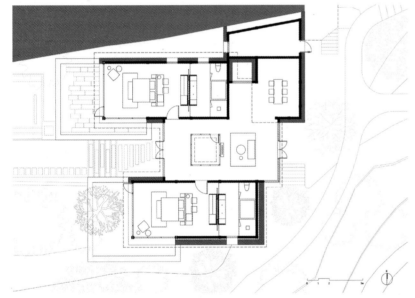

一号院子平面图

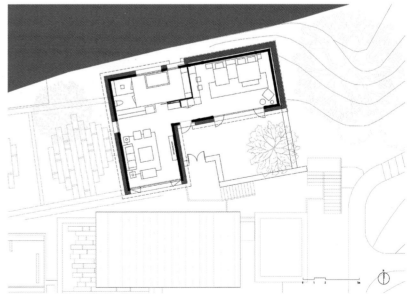

二号院子平面图

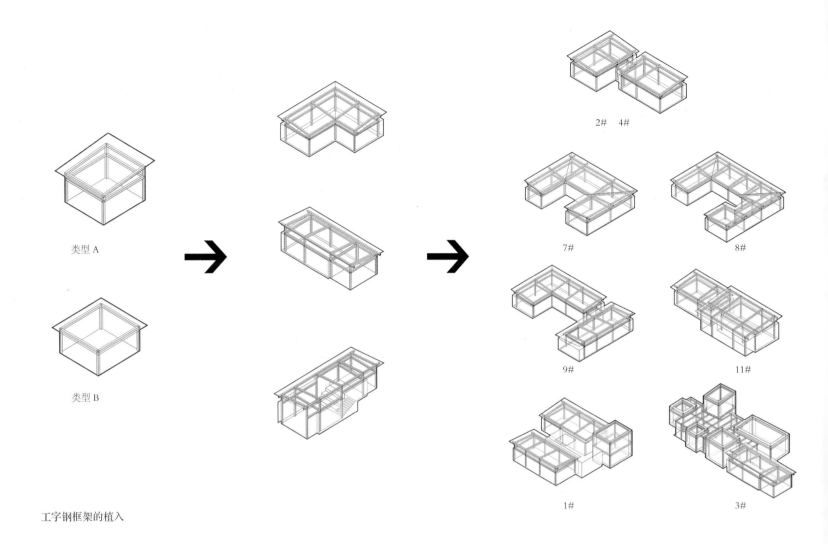

类型 A

类型 B

2#   4#

7#   8#

9#   11#

1#   3#

工字钢框架的植入

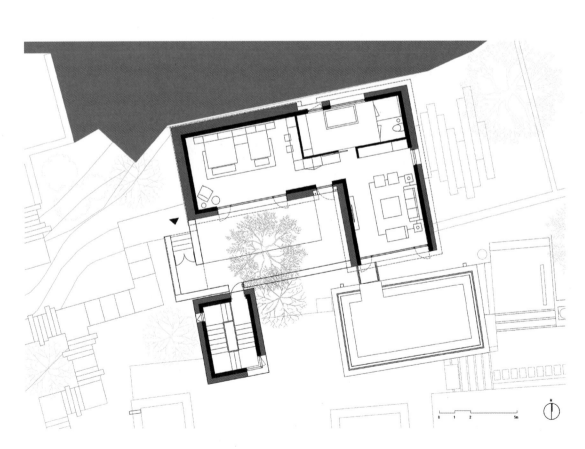

四号院子·平面图

1 石板瓦屋面
　木挂条 30mm×30mm
　1.5mm 厚配高密度聚乙烯膜自粘
　橡胶化沥青防水卷材（自愈型）
　木顺条 30mm×30mm
　8mm 砂浆硬化层
　轻钢龙骨＋聚苯颗粒加气混凝土
　填实
　20mm 厚木望板
　钢木檩条
2 木格栅 30mm×70mm，中心间距
　120mm
　LOW-E 玻璃高窗
3 工字钢氟磁漆表面嵌装饰木条
4 10mm 厚钢板包边
5 LOW-E 中空玻璃窗

标准墙身大样 1

1 石板瓦屋面
　木挂条 30mm×30mm
　1.5mm 厚配高密度聚乙烯
　膜自粘橡胶化沥青防水卷
　材（自愈型）
　木顺条 30mm×30mm
　8mm 砂浆硬化层
　轻钢龙骨＋聚苯颗粒加气
　混凝土填实
　20mm 厚木望板
　钢木檩条
2 木格栅 30mm×70mm，中
　心间距 120mm
　LOW-E 玻璃高窗
3 木饰面板
　200mm 厚加气混凝土砌块
　20mm 厚防水砂浆
　80mm 厚聚苯板保温层
　砌筑毛石

标准墙身大样 2

太白无山居艺术酒店

▶ **设计公司:** 澳大利亚 IAPA 设计顾问有限公司
主创建筑师: 彭勃
施工单位: 银广厦集团有限公司
项目地点: 陕西,宝鸡
完成时间: 2020 年
场地面积: 10 000 平方米
总建筑面积: 14 500 平方米
项目摄影: 谭啸、吕晓斌
结构形式: 钢筋混凝土框架结构
主要用材: 白色纹理石、白光触媒板、深色灰砂岩、原色耐候钢

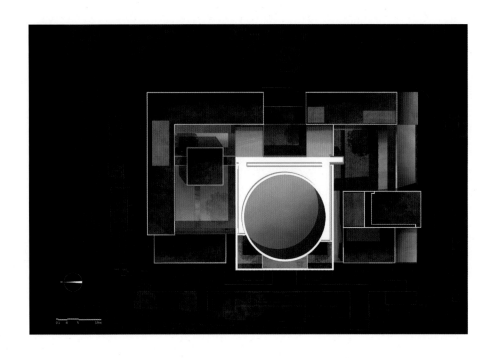

总平面图

太白无山居艺术酒店临近古城西安,地处秦岭主峰太白山下,是集度假酒店、生活休闲、文化艺术展示于一体的综合性项目。这座东西长 73 米、南北长 120 米的综合体建筑横跨在历史长河中,拓印了唐宋时期里坊制的城市规划思想,并在此基础上提炼出了复合型的聚居形态。建筑包含一座精品酒店、一个生活馆和一个艺术展厅。

"举手可近月,前行若无山。"(李白《登太白峰》)一如这句朦胧的诗句,无山居是一个有建筑理想的作品。这个理想,就是要打造一个融汇美学诗意、人文艺术和生活哲学于一体的有情怀的设计作品。这个理想,就是在太白山下寻找一片闲适的净土,让生活归于平静,让东方意境平衡于艺术和生活之间,让多与少、轻与重、墨与白,各自纷呈,互为包容。

设计秉承了"里、坊、巷、市"的中国传统城市布局形制,结合竖向叠合的手法将 57 间精品酒店客房、书吧、茶室、艺术中心以及无边泳池等多元化的功能空间整合在建筑院落的不同区间中,通过拆解里坊制最初形态中以水平展开面所呈现的棋盘式方格,重组横向和竖向几何空间的咬合关系。

从不同标高、视角回应人眼高度的直接对话关系,这是该项目在延续历史规划思想、融合当代建筑理念后,呈现在建筑中不断发生的人与空间、人与人之间多次相遇的真实本质。一对一的对话成为空间场景的参与者,而不是中立的看客,即建筑不是个体,它是光、影、人活动轨迹的综合产物。

▼ 拓展阅读

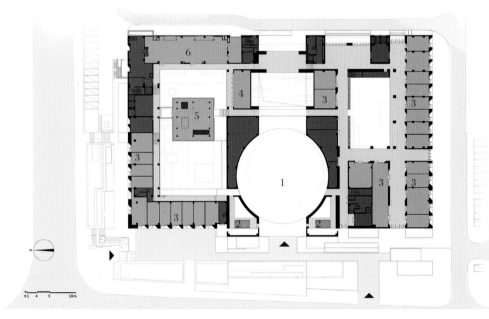

1 户外广场
2 接待区
3 商业区
4 健身房
5 酒店大堂
6 餐厅

一层平面图

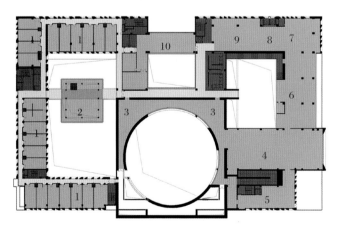

1 客房
2 茶吧
3 展览区
4 示范区
5 餐厅
6 洽谈区
7 儿童区
8 签字区
9 图书馆
10 办公室

二层平面图

概念演变图　　　　　提取　　　　　　　　　　分化　　　　　　　　　重构

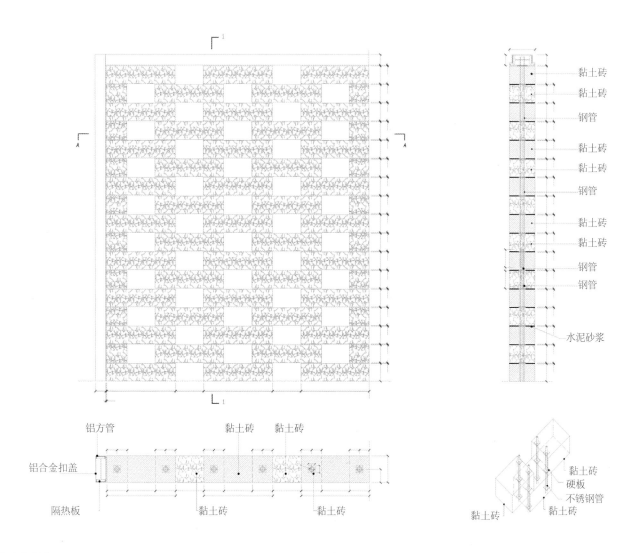

太白庭花格砖砖墙构造节点图

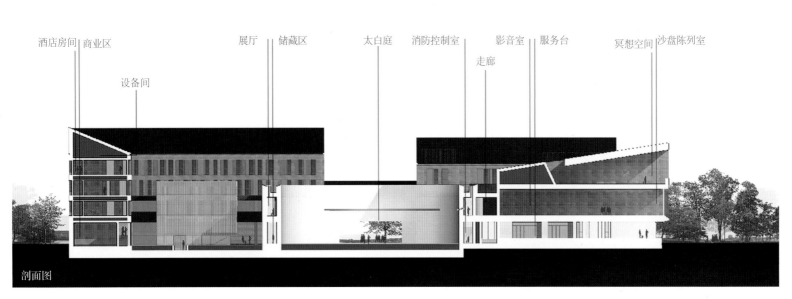

酒店房间 商业区　　　　　　　　　展厅　储藏区　　　　太白庭　消防控制室　　影音室　服务台　　　冥想空间 沙盘陈列室

设备间　　　　　　　　　　　　　　　　　　　　　　　　　走廊

剖面图

不是居·林

▶ 设计公司：TAOA 陶磊建筑
主创建筑师：陶磊
项目地点：浙江，杭州
完成时间：2021 年
用地面积：3333 平方米
建筑面积：1240 平方米
项目摄影：TAOA 陶磊建筑、谭啸 / 十摄影工作室

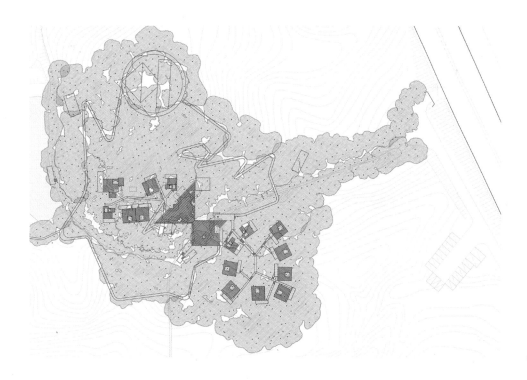

总平面图

这是在杭州郊区山林里的一个休闲度假服务空间。设计是从具体的环境开始的，设计师首先思考的是做一个什么样的空间装置可以和这片山林对话，可以更好地顺应地形并融入这片自然。

规划用地呈现为角部相连的两个矩形，跨过山谷小溪处宽度不足 3 米。这个建筑蝶状的外形正是将两个矩形用地的角部相连的结果。建筑用服务空间将两片山坡场地相连，并顺应山坡的等高线。蝶状形态也可被理解为切入建筑内部的两个最大边长的 V 形的切口，朝向山谷的远方，将自然景观引入内部，拥抱自然。建筑另外两侧嵌入山体之中，架空建筑的下方仍保留了溪水和山路的通道。竖向结构被设计成保留一棵树的"微院"。屋面是一个台阶状的坡屋顶，可作为小型演出的森林剧场，室内空间被这个大坡屋顶统一起来，因不同地面标高的变化而富有节奏。

铝壳小屋被安置于山林深处，向自然渗透。建筑的定义回归为庇护所的基本概念，作为可以遮风挡雨的基本空间，为满足人的基本需求而存在。空间大小以人的基本尺度定义，墙面和屋顶触手可及。坚实耐候的铝制外壳可以经受风雨的侵蚀，通体的木质材料内衬创造了舒适而惬意的生活氛围，和外部自然的野趣形成的强烈反差，让人对自然保持敏感，更能感受到自然之美，或温柔细腻，或爆裂冷峻。

通过建造这样的空间，设计师希望让每一个观者放空身心，处在一个最放松的状态，希望他们看到的世界跟平常是不一样的，是这个世界中一种特殊的韵律。

▼ 拓展阅读

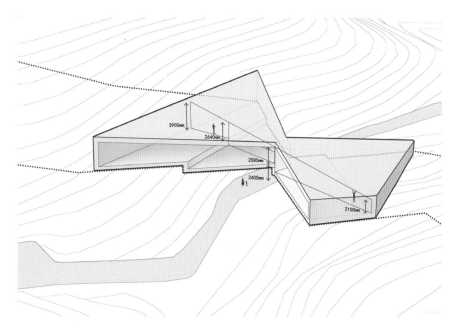

分析图

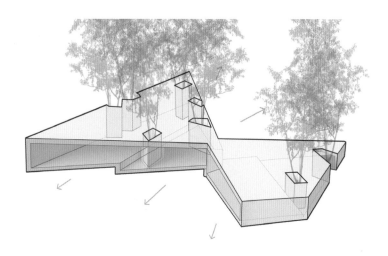

朝向景观开口

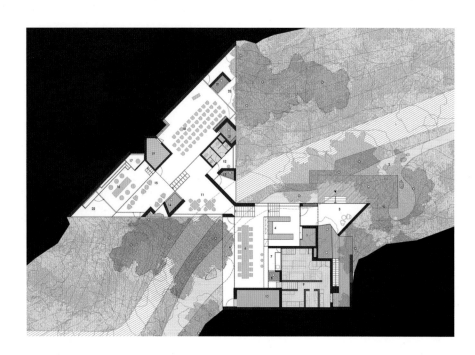

公共区平面图

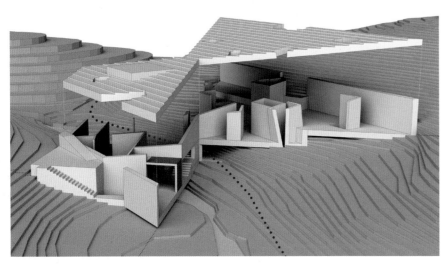

建筑模型 1 公区

建筑模型 2 客房

百美村宿·拉毫石屋

▶ **设计公司**：原榀建筑事务所
主创建筑师：周超
合作设计：先进建筑实验室（穆威、何闻、罗俊贤）
项目地点：湖南，凤凰
完成时间：2020 年
总建筑面积：822 平方米
项目摄影：何炼 / 直译建筑摄影
结构形式：钢结构
主要用材：石材、钢结构、防腐木

1 接待中心
2 公共客厅
3 公共餐厅
4 民宿
5 茶室
6 停车场
7 古树区
8 活动区

总平面图

　　百美村宿·拉毫石屋位于湖南省凤凰县，是中国扶贫基金会百美村宿项目中的一个，由中国石化集团捐赠资金进行建设。除了 6 栋民居的改造，该项目还包括村庄风貌保护、基础设施改造、公共空间更新。

　　项目的改造策略为保护原有生态景观，尊重原有场地，复原建筑肌理，最大限度地减少对自然环境的破坏。设计师在规划上对村落进行空间梳理，对公共区域、道路、停车场等基础设施进行重新整治，让民宿项目的结构清晰呈现。该民宿项目不设围墙，没有边界，与保留的房屋共存。村落如同自然生长一般，新与旧自然地融合在一起，让传统聚落得以重生。

　　在建造方式上，项目采用传统工艺和工业化相结合的手段对建筑原有石墙进行改造，让石匠按照传统的干砌法

重砌，改善建筑的采光状况，同时获得较好的观景视野。在石墙内部，建筑师采取了置入钢结构体系的手段，并将屋顶抬升 80 厘米，让屋顶飘浮在石墙上方。钢结构体系和石墙体系有机融合，满足了民宿项目的多样化功能需求，同时，使新和旧、轻和重有了强烈的对比，在村落中形成了戏剧化的效果。

　　拉毫石屋是拉毫村"乡村旅游扶贫+"的起点，未来还会有一系列公共空间、公共景观陆续呈现。项目希望拉毫村的改造策略能起到良好的示范作用，不仅尊重老的房屋和村民的传统生活方式，也能唤醒大家对乡村的记忆与情感，让乡村文脉得以延续。

▼ 拓展阅读

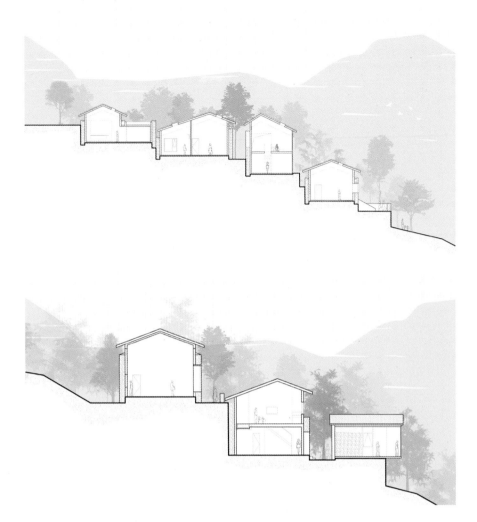

剖面图

首层平面图

1 普通客房
2 公共客厅
3 Loft 客房
4 厨房
5 茶室
6 室外庭院
7 防腐木平台
8 小餐厅
9 套房
10 儿童房

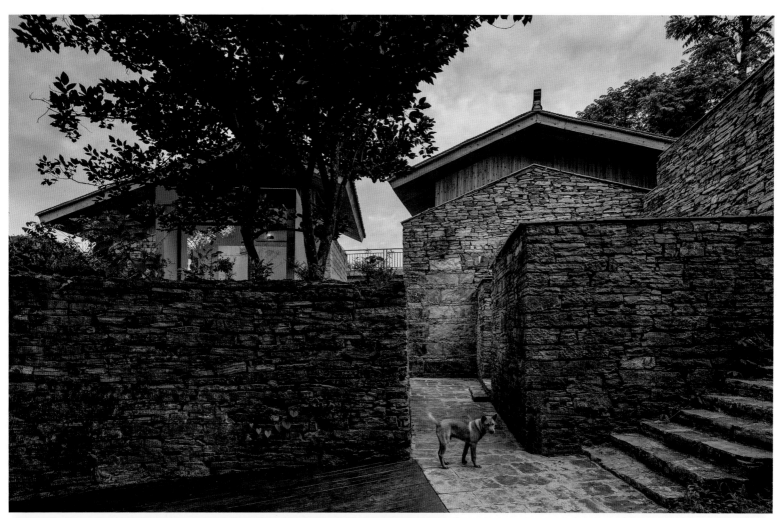

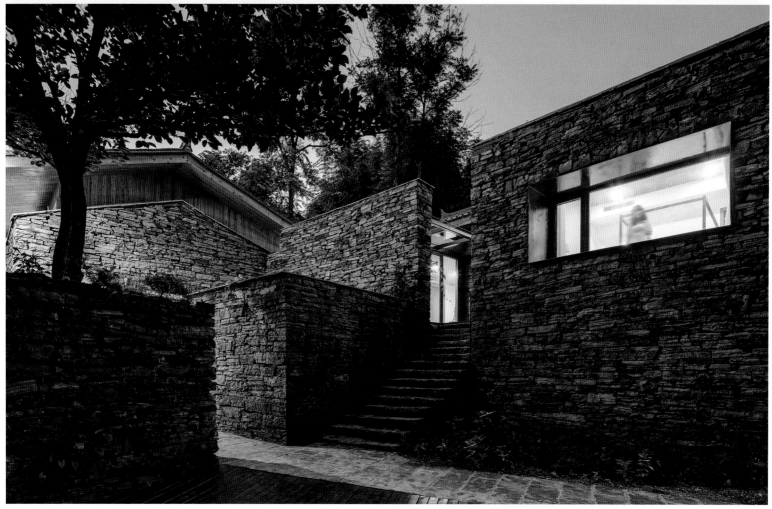

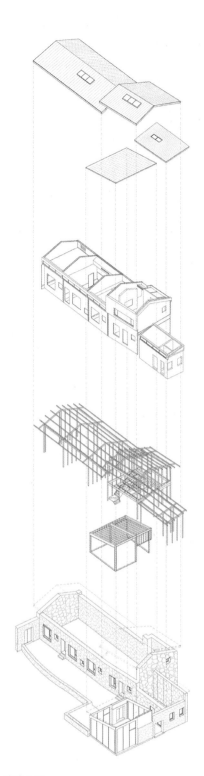

建造分析

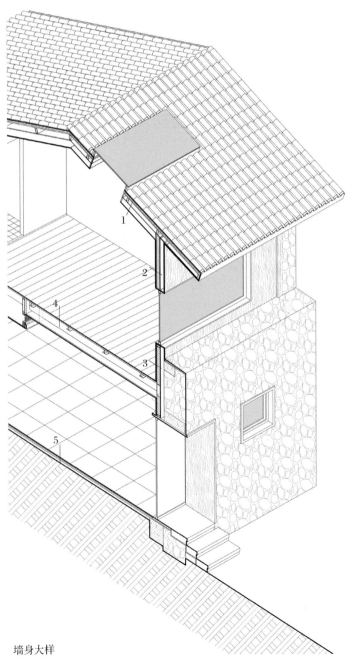

1 小青瓦
   20mm 水泥砂浆
   40mm 保温板
   防水卷材一道
   20mm 厚木望板
   50mm×100mm 钢檩条
   100mm×150mm 钢梁
   12mm 木饰面板
2 12mm 木饰面板
   9mm 胶合板
   10mm 空气间层
   9mm 胶合板
   100mm×100mm 钢柱
   9mm 胶合板
   12mm 石膏板
3 570mm 干垒石墙
   9mm 胶合板
   钢柱
   9mm 胶合板
   12mm 木饰面板
4 12mm 木地板
   3mm 聚乙烯泡沫塑料衬垫
   9mm 胶合板
   10mm 压花钢板
   100mm 钢次梁
   吊顶架空层
   12mm 防水石膏板
5 8mm 灰色地面砖
   40mm 1：2：5 水泥砂浆找平
   沥青防水卷材一道
   20mm 1：3 水泥砂浆找平
   60mm C15 混凝土垫层
   基土夯实

墙身大样

清溪行馆

▶ **设计公司：**一本造工作室
主创建筑师：李豪
项目地点：安徽，安庆
完成时间：2021 年
场地面积：1500 平方米
总建筑面积：1000 平方米
项目摄影：王石路、南雪倩

总平面图

　　清溪行馆位于安徽省安庆市岳西石关乡。基地内原有一座老房子，是白瓷砖贴面的两层旧民宅。在清溪行馆这个复杂的院落式小建筑群中，建筑师试图回应"皖西大屋"有序而不失自由的形制、小巧而紧致有力的布局。

　　基地处于乡村道路的尽端，也是山区景观的起始。微型建筑群落通过平台、转折、开口把秀美的山区乡村风景引入宁静的内院。"十"字形的院落规划遵循了"皖西大屋"纵横交错的布局，以山为屏，以水为邻，向纵横两条轴线扩展。"皖西大屋"中的前庭后厅在这里演变为由原建筑改造而来的第一重公共院落与扩建的大堂。往来于此的既有来自远方的访客，更有村子里的邻里亲人，凝聚的是日常但不庸常的情感。

　　居住院落构成了项目最核心的地方，错落的平台叠起层层院落，穿行路线蜿蜒曲折。在每一个停顿的片刻，人们都可以捕捉到独特的景观。项目的建造方式生态且原始，譬如拾取山涧里的卵石做墙基，砍伐主人承包的山林中的竹子作为围栏。院墙的设计源于民居中的马头墙，保留了朴实的色彩基调，强调了曲折优雅的线条。基地原有的时代感、怀旧感，和村子的某种城镇特征一起，衍生出沉静的气质。

　　得益于较高的地区海拔、建筑空间的错落与设计合理的天井，建筑内形成了稳定的微气候，以自然通风形成空气对流，以自然植物遮蔽直射的阳光。从设计到营造，建筑师对场地的关心贯穿始终，并影响了材料、结构和最终的呈现，让场地透露出自然与文化，从而创造出一种略带陌生感的乡村风景。

▼ 拓展阅读

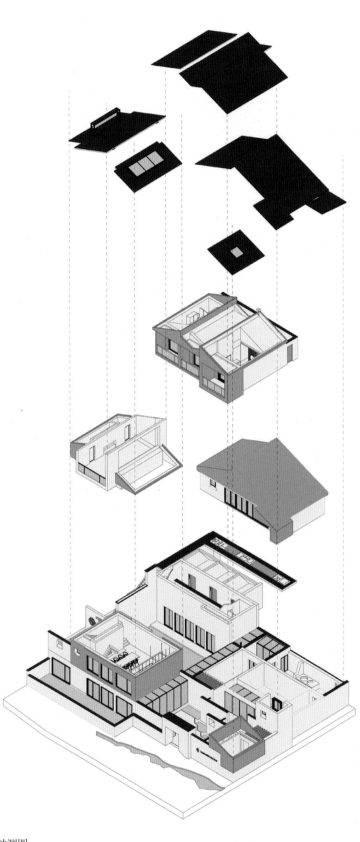

分层轴测图

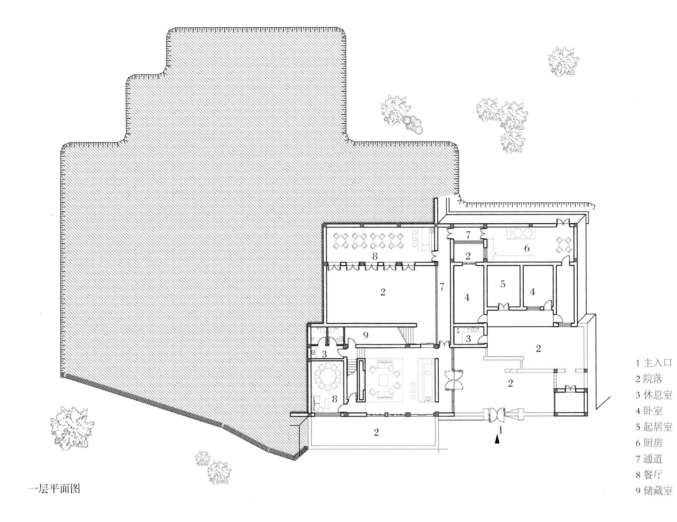

一层平面图

1 主入口
2 院落
3 休息室
4 卧室
5 起居室
6 厨房
7 通道
8 餐厅
9 储藏室

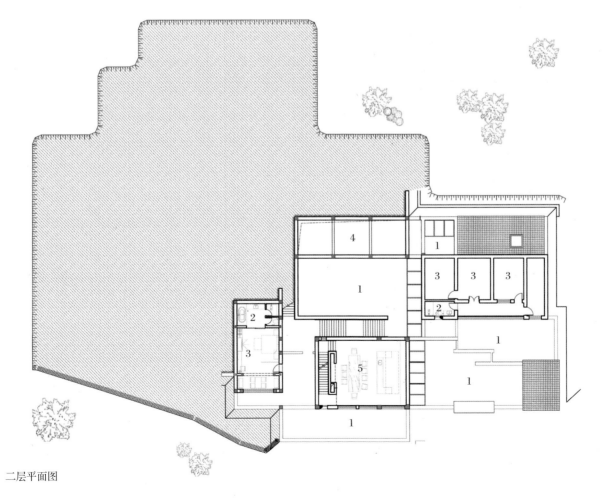

二层平面图

1 院落
2 休息室
3 卧室
4 餐厅
5 厨房

几又方民宿

▶ 设计公司：深建筑事务所
主创建筑师：申元奎
项目地点：河南，郑州
完成时间：2021年
场地面积：600平方米
总建筑面积：450平方米
项目摄影：Wen Studio

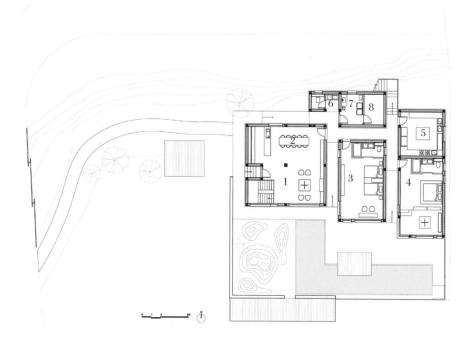

1 接待处
2 餐厅
3 房间1
4 房间2
5 厨房
6 公共卫生间
7 洗衣房
8 布草间

一层平面图

几又方民宿的名字是由"凤"字拆开而得的，因为民宿周边的山形似一只张开翅膀的凤凰。业主此前把这里作为周末和朋友短暂避世的落脚点，是转完山、喝过酒可以小憩的场所，但入世越久越想亲近这座山，他想何不把"他乡"变"故乡"，也邀请更多的人来山里享尽躬耕之力，得东篱之趣，因此将其拆除新建便提上了日程。

私宅和民宿是两个不同的概念，两者的尺度差别赋予建筑完全不同的属性。怎样在满足业主自住诉求的同时又能糅合对外经营的需求？这不仅是民宿与私宅之间开放与私密的区别，也是对"分与合"的人际关系的思索。

为了处理好这两者之间的关系，建筑师结合功能与场地将建筑主体分为三个极简的白色体块，构成相对独立的生活单元，同时为了增加体块间的趣味性，使它们与场地形成了三种不同的关系——嵌入、飘浮与相接。三种关系反映到室内空间则是地下室、悬挑楼板、下沉休闲区。建筑体块之间的甬道，形成可供人们穿梭的交通空间，使每个房间都可直通室外，同时由于体块与场地的高差关系，甬道像桥一样把使用者从场地外引入建筑内部。甬道两侧的墙体框住远处的山景以及头顶的天空，给人一种置身峡谷的错觉。

这些"桥"结合室外楼梯和功能用房的屋顶平台，使每个体块既相互独立又相互联系。"分与合"的生活状态，通过建筑体块分隔后的距离感与服务空间的整合得到回应。体块之间的进退变化，使人们在室内可以看到不同方向的山景。登上屋顶平台，不远处的群山亦像在与人俯身对望，建筑与自然的对话在山谷间回荡。

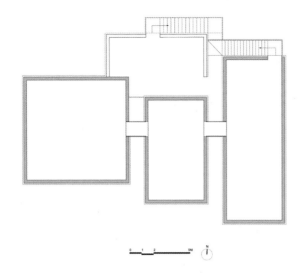

屋顶平面

二层平面

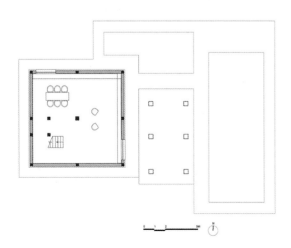

地下一层平面

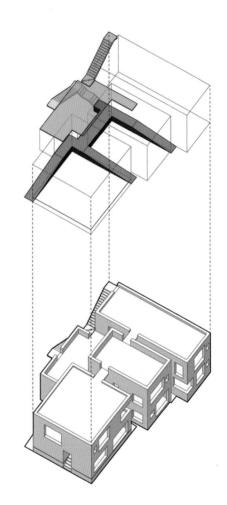

轴测分解图